CISO

Chief
Information
Security
Officer

のための

情報セキュリティ戦略

―― 危機から逆算して攻略せよ

高橋正和［著］

JNSA CISO支援ワーキンググループ［協力］

CISO
strategy
for proactive
threat
prevention

技術評論社

まえがき

往々にして、セキュリティは担当レベルの問題と考えられますが、セキュリティ事件・事故の報道を見ると、企業の問題であり経営の問題であることは明らかです。しかし、セキュリティは専門性の高い分野であり、経営の立場で把握し検証することが難しい領域でもあります。

セキュリティ対策は、起きるかもしれない、望ましくない事態を未然に防ぐ施策で、残念ながら攻撃を受ける企業が主導権を持つことはありません。たとえば、「今期は高度な攻撃を3回以上撃退する」という目標は成り立ちません。いつ来るとも知れない、特定ができない相手からの、予測のできない攻撃への準備と対応であり、売上、利益率、ROIなどの一般的な経営指標で計測することは困難です。セキュリティがわかりにくいのは、この点も背景にあると思います。

一方で、経営者とセキュリティについて議論をすると、セキュリティに対する理解の深さや視点の的確さに驚くことがあります。経営はそもそもリスクと向き合う行為であり、経営という不確定なものを扱う経営者は、本質的にセキュリティ視点を内包しているのかもしれません。

事業計画では、不確実な未来を扱うために財務的な目標を設定し、仮説やシナリオを立て、計画を具体化し検証します。経営者にとっては、具体的な仮説やシナリオがあれば、セキュリティも把握と検証ができるのではないでしょうか。

セキュリティ担当者、特に経営陣の一員として活躍するCISOは経営者をどのように見ているのでしょうか。経営者はセキュリティがわからないと考えているでしょうか。セキュリティ専門家には「(正しい) セキュリティ対策を理解できない相手が間違っている」という考えが潜んでいるように思います。国際的な規準や、画期的なソリューションも重要ですが、セキュリティ対策は、事業や経営計画を理解することから始めるべきだと思います。

本書では、セキュリティ事件・事故のシナリオに基づいた机上演習フレームワークをCISO-PRACTSIEと呼称し、経営者がセキュリティの文脈を理解し、CISOを始めとしたセキュリティ担当者が、経営視点や事業視点を身につける機会として事件・事故を想定し、そこから逆算して対策の検証を行う手法を提案します。

起きるか起きないかわからない問題を自分事にすることは困難ですが、具体的な問題に落とし込むことで、格段に取り組みやすい問題になります。机上演習には、コストも時間もかかりません。まずは、簡単なシナリオを用意して、CISO-PRACTSIEを実施してみてください。セキュリティ対策を俯瞰的にとらえるとともに、施策の良し悪しが見えてくるはずです。

本書の位置付け（机上演習と緊急対応の違いについて）

本書は、セキュリティ事件・事故を想定することで、自社のセキュリティ施策を検証することを目的としたものです。緊急対応のあるべき姿や、作り方を提示するものではありません。

当初、筆者自身もこの違いを重視していませんでしたが、多くの識者にレビューをいただく中で、この点がレビューワーを混乱させていることに気づきました。

たとえば、本書では「緊急対応規程」そのものを記載していません。「緊急対応規程」は、すでに作成されている規程であり、本書では検証の対象として位置付けているためです。

本書が提案するCISO-PRACTSIEは、ソフトウェア開発の品質管理において、すべてのパスを通るようにテストを設計するウォークスルーに近い手法と考えています。たとえば、緊急対応時の経営者の役割が不明確と感じたのであれば、緊急対応規程に経営者の役割が定められていないか、不明瞭なのかもしれません。また、本書は「JPCERT/CC 様々な演習と効果（**図1**）」では左下の戦略（戦略的考察、能力分析）に相当するもので、同図の運用・戦術については取り上げていません。運用・戦術については「Annex G　インシデント対応の運用と戦術」で概要を紹介するにとどめています。

本書に欠けていると感じる点があれば、本書を通じて明らかになった、「対応が必要な何か」にお気づきになったのかもしれません。

▼図1 「様々な演習と効果」（出典：JPCERT/CC[注1]）

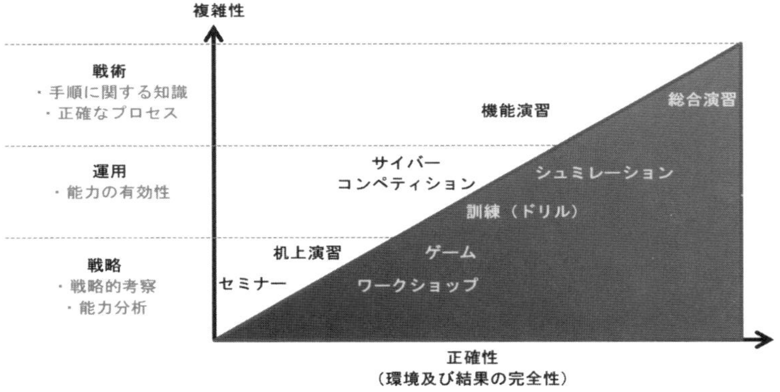

注1　JPCERT/CC（2016）、高度サイバー攻撃（APT）への備えと対応ガイド～企業や組織に薦める一連のプロセスについて（https://www.jpcert.or.jp/research/20160331-APTguide.pdf）

本書の構成

本書は、3つのパートで構成しています（**図2**）。Part-IはCISO-PRACTSIEの概要（第1章）と、実際に起きている事件・事故と報告書（第2章）を取り上げています。第2章はセキュリティの経験が浅い方にはぜひご一読をいただきたい内容です。

Part-IIはCISO-PRACTSIEの実施項目について解説し、Part-IIIはCISO-PRACTSIEをワークショップとして実践し、社内展開を行う手順を解説しています。

▼図2　本書の構成

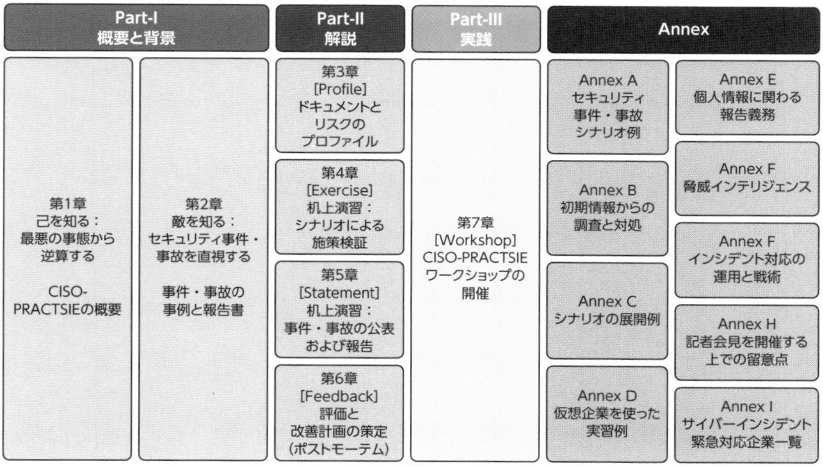

Annex Aはセキュリティ事件・事故のシナリオの例を挙げています。Annex Bは初期情報からの調査と対処、Annex Cはシナリオを机上演習に展開した例、Annex Dは仮想企業を使ったプロファイル例を示しました。

Annex E～Iは、本文の中に入れると全体の流れが見えにくくなる内容を、CISO-PRACTSIEにより深く取り組んでいただくための情報として掲載しました。たとえばAnnex Eでは、改正された個人情報保護法などにより報告が義務付けられているケースを解説しています。

本書はこの順番に沿って読んでいただくことを想定していますが、Annex Dを使った机上演習から始めて、本編を参考にする読み方も理解しやすいかもしれません。

本書で使っている表などのツール類は、JNSA CISO支援ワーキンググループのWebサイトに掲載します。併せて、ご利用をいただければと思います。

本書が想定する読者

本書は、主要な想定読者としてCISOなどのセキュリティ責任者と、経営者や事業責任者などのリスクオーナーを想定しています。

CISOには、自身の施策を確認し、経営視点での対策を実施するためにご利用いただけると思います。また、経営者への啓発はCISOの責務でもあります。具体的な事件・事故を題材とすることで、経営者が取り組むべき課題を明らかにし、セキュリティを全社的な問題としていくために活用いただけると思います。

経営者や事業責任者がセキュリティを理解しにくいのは、事業計画を評価するようなケースを使った評価ができない点に要因があると考えています。具体的な事件・事故を使って、事業や経営への影響を理解し、ご自身と組織の役割を確認することで、経営リスク・事業リスクとしてセキュリティを把握することにつながります。

役職の名称について：経営者・経営陣・事業責任者

本書では、経営者、経営陣などの用語を使っています。本書で記載している主要な役職や会議体を次のように位置付けています。

- 取締役会：株主の代表として経営（意思決定と職務監督）を行う機関
- 取締役：取締役会の議決権を持つ者
- 外部取締役：取締役会の議決権を持つ独立性を待った取締役
  業務執行は担当しません。
- 取締役会議：取締役会が議決権に基づいて意思決定を行うための会議
- 執行役員：業務を執行する責任者（社員または業務執行役員）

- 経営者：社長や会長などの代表取締役
- 経営会議：経営者が主催する業務執行のための全社的な会議
- 経営陣：業務執行責任者（執行役員）、経営会議のメンバー
  いわゆるCxO（Chef Officers）を想定していますが企業によっては事業部長、本部長などと呼ばれているかもしれません。本書では、事業責任者を含めて経営陣と呼称しています。

- 事業責任者：具体的な事業の責任者
  会社の規模にもよりますが、部長、本部長などを想定しています。執行役員が事業責任者であることも多いと思います。

- CISO：セキュリティ責任者、経営陣であるか経営陣へのレポートを行う立場
- セキュリティ担当者：管理職を含む、CISO 以外のセキュリティ担当者

> 参照（CISOハンドブック）
>
> 役員と役職については、会社法上の役職名を違った意味で使っている場合もあり、理解が難しい面があります。
> 『CISOハンドブック』では、「第13章　経営陣としてのCISOへの期待」の中で、「13-3　役職などの名称について」としてまとめてあります。併せて参考にしてください。

▼図3　役員と役職（『CISOハンドブック』の「13-3　役職などの名称について」）

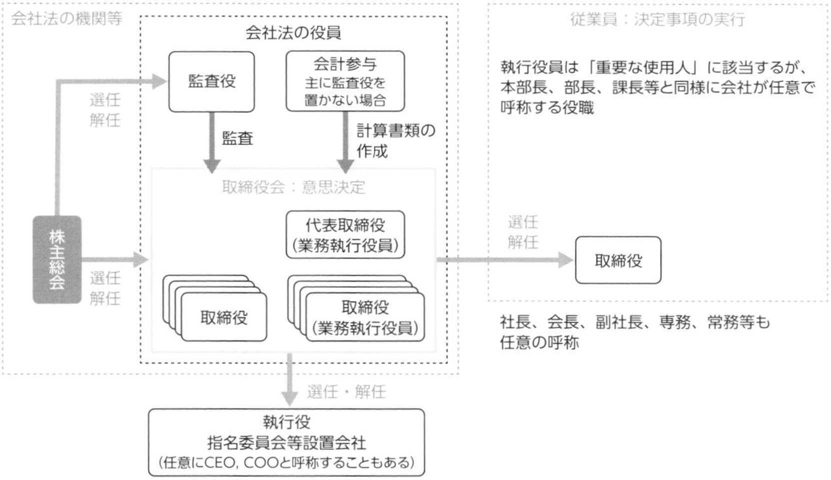

セキュリティ・情報セキュリティ・サイバーセキュリティ

セキュリティに関する文章を書くときには、セキュリティを使うか、情報セキュリティを使うか、サイバーセキュリティを使うか迷ってしまいます。

正確な用語ではないかもしれませんが、本書では「セキュリティ」または「セキュリティ対策」とし、セキュリティ対策として実施すべき計画や実施策を「セキュリティ施策」と記載しています。

物理セキュリティと情報セキュリティは違ったものですし、情報セキュリティとサイバーセキュリティも異なる領域です。セキュリティを専門とする人間にとって、これらの違いは重要かもしれませんが、経営陣が違いを理解する必要はなく、正しく使い分ける必要もないと考えています。

そうはいっても、計画を具体化するときは、厳密な使い分けが求められるかもしれません。組織の練度が上がり、社内で用語の定義や、ポジションとロールを明確

にすることが必要になったときに、改めて「セキュリティ」「情報セキュリティ」「サイバーセキュリティ」を使い分ければよいと考えています。

実際にインシデントに対応する場合には

本書は、インシデントの机上演習についてまとめたものですが、実際にインシデントの対応を行う場合の忘れがちな注意事項を書いておきます。

インシデント対応は、一般に会議室などに対策本部を設置し、そこに人や情報を集めるのですが、COVID-19の影響が残る中では、物理的に人を集めることが難しく、必然的にオンライン会議やビジネスチャットを利用することになると思います。

オンライン会議の開催方法、定期的な確認事項、情報の集約および取りまとめなどについて、事前に取り決めてください。複数の組織がかかわる場合は、利用できるツールに制限がある場合もあるので、この点も注意してください。

また、セキュリティ事件・事故が起きてしまった際に、あまり担当者が頑張り過ぎないようにしてください。2～3日で済む対応であれば、頑張って乗り切ることができますが、一週間も続くと死屍累々の状況になり、適切な対応ができなくなります。

初期の段階から、シフトを組む、役割の範囲を明確にする、担当を明確にするなど、事件・事故に立ち向かうための安定した基盤を作ることが重要です。

謝辞

本書は、JNSA CISO支援ワーキンググループの活動を通じて執筆を行ったものです。この活動がなければ、本書を書く機会はありませんでした。田中さん、唐澤さんからは、呪いと呼びたくなるような本質的な論点をいただき、池上さんからは幅広い知見と沢山のアイディアを、中村さんからは客観的な視点からの論点を提示していただきました。参加いただいたメンバーのみなさまに感謝いたします。

また、本書を執筆するにあたって、多くの方から知見を賜りました。金融ISAC 鎌田さん、NTTコミュニケーションズ 小山さん、freee 茂岩さん、日本IBM 蔵本さん、楽天グループ 福本さん、マツダ 松本さん、ベネッセホールディングス 鉢蝋さん、布施さん、FFRIセキュリティ 丸山さん、Cloudbase 小川さん、Preferred Networks 丸山フェローなど、みなさまのお力添えがなければ、本書をまとめることはできませんでした。改めて感謝を申し上げます。

目次

Part-III CISO-PRACTSIEの実践

Annex

第1章

己を知る：
最悪の事態から逆算する

経営視点・事業視点からセキュリティ施策を評価し、経営陣とともに向上させるための実践的な取り組み、CISO-PRACTSIEの概要を解説します。

- 経営におけるセキュリティ施策の課題を理解する
- 事件・事故から逆算してセキュリティ施策を評価する手法、CISO-PRACTSIEの概要を理解する

1-1 経営とセキュリティの鬱積

セキュリティ対策は、なかなか厄介な仕事です。厳しくすれば事業の邪魔をしていると言われ、事件・事故が起きれば、何もやっていなかったのかと言われてしまいます。多くの経営者は、起きるか起きないかわからない事件や事故は考えずに事業を進めたい。しかし、事件・事故が起きたときのことを考えると対策の必要性は理解できる。だが、セキュリティ対策に力を入れても、事件・事故を完全に防ぐことはできないなどと、なんとも収まりの悪い気持ちではないかと思います。

セキュリティにおける遵守性と有効性のジレンマ

セキュリティ施策は、ISMS（Information Security Management System）を始めとしたベストプラクティスに基づいて進められます。主要なベストプラクティスが果たした貢献は計り知れず、また日々新たな取り組みも続けられています。世界的な実績のある規範を導入することで、セキュリティ対策のマネジメントと網羅的な取り組みが可能となり、対策の客観性を担保できるようになりました。しかし、残念ながらISMS認証やプライバシーマーク認証を取得していてもセキュリティ事件・事故は起きてしまいます。

実績のある規範に基づいた対策を行っても、事件・事故が防げないのはなぜでしょうか。筆者は、企業や組織が自らの手で、対策の検証を行っていないことが要因の1つと考えています。システム開発やソフトウェア開発では、必ずデバッグやシステムテストなどの検証作業を行いますが、セキュリティ対策では同様の検証作業は確立していません。

監査的なアプローチとして、規範からマネジメントを評価する取り組み（**図1-1**左側）は行われますが、脅威（**図1-1**右側）に対する有効性の検証（デバッグ・シス

テムテスト）はあまり聞くことがありません。ペネトレーションテストが行われることもありますが、IT部門やセキュリティ部門に閉じた技術的な評価に限られてしまい、事業視点の評価にはなりにくいのが実情です。

▼図1-1　規範への準拠性と対策の有効性

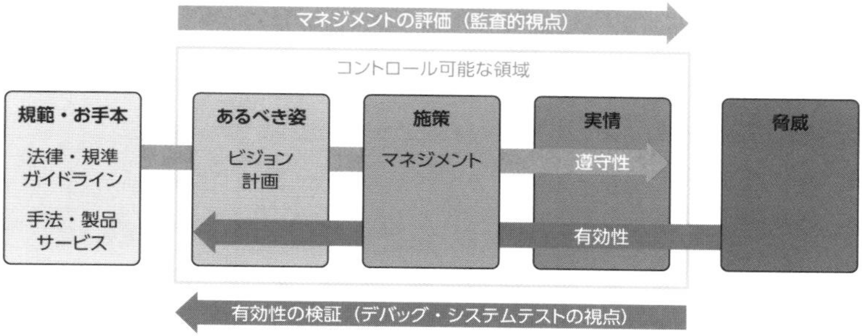

経営における専門性と事業性のジレンマ

一方で、実際にセキュリティ事件・事故が起きた場合は、技術やセキュリティ担当者の責任では済みません。事件・事故の報告書を見るまでもなく、経営の問題となることは明らかです。つまり、セキュリティは、事業レベル、経営レベルで取り組むべき課題ですが、経営陣がセキュリティを理解することは難しく、セキュリティ担当者が経営を理解することはさらに困難が伴います。経営とセキュリティの橋渡しが必要です。

1-2 CISO-PRACTSIE：事件・事故から逆算するアプローチ

これらのジレンマに対して、技術的な立場と経営的な立場の双方から、セキュリティの有効性を評価するには、具体的なセキュリティ事件・事故を想定した机上演習が効果的だと考えます。起きるか起きないかわからない、漠然とした事象は扱いにくいのですが、具体的な問題であれば、技術に閉じずに、事業視点・経営視点から合理的な評価・検証が可能となります。本書では、机上演習を通じてセキュリティ施策の検証と向上を図るフレームワークをCISO-PRACTSIE（PRactical Assessment for Company-wide security measures Through Security Incident Exercise for

CISO）として提案しています。

CISO-PRACTSIEは、事件・事故のシナリオをインプット、セキュリティ施策をプロセス、公表内容をアウトプットと位置づけ、「P.プロファイル」「E.机上演習」「S.事件・事故の公表」「F.フィードバック」で構成しています（**図1-2**）。一連の作業を通じて現状の施策の棚卸し、施策の有効性検証、必要な施策の分析、組織の対策レベル向上を図ります。

▼図1-2　CISO-PRACTSIEの構成概要

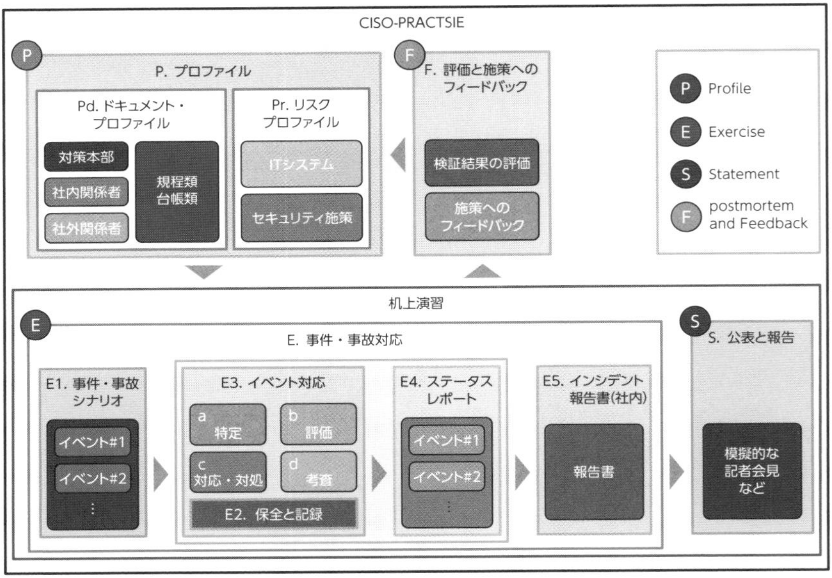

机上演習は、実際の攻撃は行わず、システムも使わないため、コストがかからず時間や参加者の調整が容易です。また、目的に応じたシナリオを幅広く選択できるメリットもあります。ペネトレーションテストでは評価できない、PCを紛失した、社員がデータを持ち出した、機密情報がインターネットに公開された、といった事件・事故も扱えます。深刻な脆弱性の公表や、ペネトレーションテストで明らかになった課題についても、これをシナリオに展開することで、経営陣に対して深刻度や重要性を伝えることもできます。

CISO-PRACTSIEは、CISOやセキュリティ施策を担う方が現状を把握し、経営陣とのコミュニケーションを図るため、また、経営陣がセキュリティ担当者に対して、事業視点の課題を伝えるためのツールとして活用いただけると考えています。

Small Tips

練習試合としての机上演習

一般に、事件・事故に直面すると、適切な判断や行動ができません。自身が当事者であることに気づかない場合も多く、責任があやふやで組織としての判断や対応ができないこともあります。多くの事件・事故を経験すれば対応できるようになるわけですが、それを待っていては、練度が上がる前に会社が潰れてしまいます。事件・事故に遭遇する前に、組織としての練度を上げる必要があります。

スポーツでは大会などの本番の前には練習試合が欠かせません。評価が高く実績のあるメソッドでも、実際に動かしてみなければ有効性が確認できず、チームが戦略どおりに動けるとも限りません。セキュリティ施策も演習を行うことで、現在の実力を把握し、本番で戦えるチーム作りにつなげることができます。

「机上の空論」と言うように、机上演習では評価ができない点もありますが、まずは机上演習を通じて経営陣を含めたチーム作りを行い、議論を行うための基盤を作ることが、実践的な対策につながります。

セキュリティ事件・事故に求められる公表内容

セキュリティに限らず、企業が事件・事故を起こした際に記者会見を求められることがあります。事件や事故の会見は難しいもので、言い訳に聞こえてしまうことも多く、会見の趣旨を測りかねることもあります。そして必ずと言ってよいほど、なぜ事前に対応をしなかったのかと考えてしまいます。

一方で、事件・事故の当事者となった場合は、記者の厳しい質問や、社会的な批判に直面することになります。典型的なものとして次のような質問があります。

- なぜ事件・事故を防ぐことはできなかったのか
- 法律やルールは守られていたのか
- 被害者は何名か、どのくらいの被害なのか
- 二次被害の懸念はないのか
- 誠実な対応をしているのか
- 誰の責任なのか、どう責任を取るのか

表1-1は、セキュリティ事件・事故の報告書や報道から、公表が求められる項目を抜粋したものです。報道を受ける立場からは、公表が当然と考える内容ですが、ご自身が事件・事故の当事者となってしまった場合はどうでしょうか。適切な対応

ができるでしょうか。

▼表1-1　事件・事故に対して公表が求められる項目

項目	
影響を受ける事業	事業の概要
顧客や取引先への影響	影響や被害の概要
	影響を受ける被害者数と特徴
	想定される二次被害
	ワークアラウンド（被害の軽減策）
	被害者への補償
事業への影響	事業の停止・再開の予定と根拠
	事業レベルの対応（営業停止、継続、縮退など）
事件・事故の経緯	事件・事故の原因・要因（なぜ防げなかったのか）
	対応のタイムライン（経営者が認識したタイミングを含む）
再発防止策	再発防止策の内容と実施時期
責任関係	関係者の処分など

公表内容からセキュリティ施策を逆算する

セキュリティ施策を評価するためには、施策の合理性を評価するための軸が必要です。経営計画は仮説やシナリオに基づいて、財務的な目標の合理性や実現性を検証します。セキュリティについても、仮説やシナリオを軸とし、公表内容をアウトプットとして検証を行えば、経営視点や事業視点から合理性や有効性の検証ができるはずです。幸か不幸か、セキュリティ事件・事故の事例には事欠きません。

セキュリティ対策に万能の解決策はありませんが、自ら課題を明らかにし、解決に取り組むことで、組織としての練度（マチュリティ）が向上します。CISO-PRACTSIEは、机上演習を通じて、事件事故から逆算してセキュリティ施策を検証する手法を体系化しています。

次章以降、CISO-PRACTSIEの具体的な内容について記載していきます。

Column

freee社のサイバー演習と逆算式の危機管理

セキュリティ対応能力を評価する手法に、Red Teaming、TLPT（Threat-Led Penetration Test）と呼ばれる手法があります。Red Teamingは、稼働しているシステムに対して、内部をよく知る攻撃チーム（Red Team）が実際に攻撃を行い、防御側（Blue Team）の対応を評価するアプローチです。

TLPTは、Red Teamingを体系化し、標準的なプロセス、機能、手順、実行者を整備したものです。日本では、金融庁がTLPTに取り組んでおり、FISCから「金融機関等におけるTLPT実施にあたっての手引書」[注1]が刊行されています。また、金融ISACでは、サイバークエストと呼ばれるTLPTに基づいたサイバー攻撃演習[注2]を行っています。

参照（CISOハンドブック）

Red Teaming、TLPTについては、『CISOハンドブック』の「5-4　サイバー攻撃への対応能力評価」を参照してください。
また、CTF、サイバーセキュリティ演習については、「10-5　CTFとインシデント対応演習」を参照してください。

TLPTを、企業が業務の中に取り入れた例も報道されています。クラウド会計ソフトを提供するfreee社では、実際に社内のデータベースからデータを盗み出し、バックアップを消した上で、CEOに対して身代金を要求する訓練を実施したと報道されています[注3]。

freee社佐々木CEOのコメントから、体験・経験を通じることの重要性を知ることができます。以下、記事で紹介されている佐々木CEOのコメントを抜粋します。

> *「障害訓練を行うことで『この出来事について自信を持って説明できるのか』『どういう状態ならば自信を持って説明できる状態になり得るのか』といった事柄を逆算して考えるきっかけになる」*
> *この経験を一つ一つの業務に紐づけることで、たとえば「普段からこうした情報を取れるようにしておかなければ有事の対応ができないため、コストはかかってもやる必要がある」といった判断がしやすくなるという。*
> *「障害が起きたときだけでなく、投資するアイテムや社内のコミュニケーションの在り方も含めた考え方にも影響してくると思う」*
> *……*

注1　FISC（2019）、「金融機関等におけるTLPT実施にあたっての手引書」（https://www.fisc.or.jp/publication/book/004197.php）

注2　ITmedia（2022）、金融機関にふさわしい対応の在り方を問うた「サイバークエストIV」（https://mag.executive.itmedia.co.jp/executive/articles/2004/22/news022.html）

注3　ITmedia（2020）、"自社DB破壊＆身代金要求"に直面してfreee経営層が気づいた3つの課題　佐々木CEOに聞く（https://www.itmedia.co.jp/news/articles/2205/30/news018.html）

佐々木CEOは一連の気づきも含め、経営層だけでなく、さまざまなレイヤーで障害訓練を実施する意味を感じているという。「普段考えないし、起こってほしくないことだからこそ、訓練で学び、回してみる意味は大いにある」

「逆算」という表現は、「逆算式アプローチによる危機管理対応マニュアルの機能検証方法の提案[注4]」でも使われています。

この論文では、マニュアルとして整理された災害対応手順を、逆算式アプローチで「生産ライン」として可視化し、各工程における入出力の詳細を確認することで、動作の漏れや改善点を明確にするというものです。

災害とセキュリティ事件・事故は異なる分野ですが、共通する課題も多いようです。複雑に構成された手順の見直しを行うためには、逆算アプローチが有効であることを示す例と言えると思います。

TIPs for CISO

事件・事故とインシデント

セキュリティでは、よくインシデントという言葉を使います。インシデントは事故対応などの分野でも使われる言葉で、「イベント」「インシデント」「アクシデント」で構成されます。セキュリティの分野では、これらを総称して「インシデント」と呼ぶことが多いのですが、使い方にあいまいさがあるように思います。また、インシデントという言葉は、必ずしも一般的なものではないため、セキュリティを専門としない方にとっては、つたわりにくい言葉でもあります。

ISO/IEC27000『情報技術－セキュリティ技術－情報セキュリティマネジメントシステム－用語』[注5]では、イベントを次のように定義しています。

- イベント：事象
  - ある一連の周辺状況の出現又は変化
    注記1：事象は、発生が一度以上であることがあり、いくつかの原因を持つことがある
    注記2：事象は、何かが起こらないことを含むことがある
    注記3：事象は、“事態（incident）”又は、“事故（accident）”と呼ばれることがある、なお、事態は、“インシデント”とも表現される

注4　田口、林 地域安全学会論文集 No.11（2009）、逆算式アプローチによる危機管理対応マニュアルの機能検証方法の提案（https://www.jstage.jst.go.jp/article/jisss/11/0/11_13/_pdf/-char/ja）

注5　JIS Q 27000『情報技術－セキュリティ技術－情報セキュリティマネジメントシステム－用語』（https://webdesk.jsa.or.jp/books/W11M0090/index/?bunsyo_id=JIS+Q+27000%3A2019）

セキュリティ・イベント、セキュリティ・インシデントは以下に定義されています。

- セキュリティ・イベント：事象
  - セキュリティ方針への違反もしくは管理策の不具合の可能性
  - セキュリティに関係し得る未知の状況
  - サービスもしくはネットワークの状態に関連する事象
- セキュリティ・インシデント：事態
  - 望まないもしくは予期しないセキュリティ・イベントであって、事業運営を危うくする確率およびセキュリティを脅かす確率が高いもの
- アクシデント：事件・事故
  - 被害もしくは損害をもたらしたセキュリティ・インシデント

この定義から、インシデントハンドリングは、イベントを起点に、インシデントであることを判断し、アクシデントを防ぎ、影響を最小化する行為と言えます。つまり、インシデントハンドリングを始めないと、インシデントなのかアクシデントなのか判断できません。セキュリティを専門としない経営陣とコミュニケーションを取る上では、「インシデントが起きました」と伝えるよりは、「事故が起きた可能性」と、想定される「被害や損害の内容と規模」を伝えた方が理解を得られやすくなります。以下のように言い換えるとよいかもしれません。

- インシデント：事件・事故による被害・損害の可能性
- アクシデント：事件・事故による被害・損害の発生

専門性の高い仕事をしていると、日常的に使っている専門的な言葉や概念を、無意識に使ってしまいますが、専門分野や視点が異なる相手とコミュニケーションを取る際には、誤解を招かないように注意する必要があります。用語や単語の問題は気づくことが難しいものですが、机上演習を通じて、使用する言葉を整理し、共通の理解を目指すことで、事件・事故が起きた際に遅滞のないコミュニケーションができることを目指してください。

TIPs for Management

DX時代の技術幹部に求めるもの

DXと盛んに言われてしばらく経ちました。DXという言葉の定義はともかく、IT技術が経営に占める役割は、格段に大きなものになっています。当然ながら、技術幹部であるCTOやCIOが経営に深くかかわる例も増えており、特にCTOは、事業計画を加速させる、新しい事業領域を開拓するといった役割なので、経営や事業との接点も多く、経営者と同じ文脈での会話が成り立ちやすいように思います。

これに対して、CISOという立場は、どうしても「やっちゃダメ」という話が多くなってしまいます。経営者や事業推進の立場からは、いわば、1999年の7の月に恐怖の大魔王が降ってくる、というホラーストーリーを聞いている気分になりそうです。事業の邪魔をするな！と言いたくなる気持ちも理解できます。

セキュリティ専門家の多くは、ISMSなどの規準か、技術的なソリューションに基づいてセキュリティを考えています。どちらも、膨大な事例の蓄積に基づいていますが、高度に一般化されているため、「なぜ」「何のために」という問いかけを見失いがちです。つまり、セキュリティ担当者が会社や事業をあまり見ていないことが多いのです。

CISOが会社を見て仕事をしていることを確認するには、「予算が欲しいなら我が社の今期の目標を言ってみろ」と聞いてみてもよいかもしれません。もし「会社の目標は関係ない・知らない」というようであれば、一緒に事業を作っていくことは難しそうです。

もし、会社の目標を理解し、必要と考える施策を提案できるようであれば、経営陣に入れてしまってはどうでしょうか。セキュリティに責任を持つCISOが、経営陣に入ることで、CISOは会社の進めている事業計画に沿ったセキュリティ対策が考えられるようになり、事業責任者は、事業計画のリスクを未然に知ることができるようになります。何より、事件・事故の際に直接コミュニケーションが取れることも見逃せません。

DXという流れは、誰かが作った正解を追いかけることから、自らが正解を探すことへの切り替わりだと考えています。このような視点で事業を考えると、CISOは経営陣として欠かせないメンバーになるはずです。

第2章

敵を知る：セキュリティ事件・事故を直視する

報道からセキュリティ事件・事故を知り、企業に求められる対応や責任について学びます。

- 社会的な話題となった事件・事故を知る
- 公表されている報告書から、事件・事故の実態と必要な対応を学ぶ

本章では、直面しているセキュリティ上の脅威を知る、つまり「敵を知る」ために、2021年～2022年前半で話題になったセキュリティ事件・事故を取り上げます。次に、実際に事件・事故が起きた際に求められる対応を学ぶため、公表されている代表的な報告書を紹介します。

なお、セキュリティ事件・事故についての一般的な報道は、問題点や背景をつかむことが難しいため、piyologをリファレンスしています。piyologでは、ここで取り上げたケースの他にも注目された事件・事故が多数紹介されています。個人のページですが、事件・事故が起きた際に最初に確認するサイトの1つです。ぜひ、参考にしていただければと思います。

参照

- piyolog (hatenadiary.jp) (https://piyolog.hatenadiary.jp/)

2-1 2021年~2022年前半で話題になったセキュリティ事件・事故

本節では、2021年～2022年前半に話題となったセキュリティ事件・事故を取り上げます。近年の傾向として、セキュリティ事件・事故が、いわゆる情報系にとどまらず、社会活動に対して大きな影響を与え、サプライチェーン全体に影響が及ぶようになりました。特に、ランサムウェアによる被害が目立っていることから、ランサムウェアに関する概況をコラムとして取り上げています。

一方で、地方公共団体のUSBメディアの紛失事件など、内部関係者によるセキュリティ事件・事故の報道も続いています。内部関係者による事件についても、代表的な事例を取り上げます。

参照（CISOハンドブック）

セキュリティ事件・事故のフレームワークと、事例については『CISOハンドブック』の「10－2　セキュリティインシデントの推移」に詳しく述べています。併せて参照してください。

①社会インフラに影響を与えた事件・事故

2022年2月末に、自動車メーカーが国内の14工場すべての生産停止を発表したことが大きな話題となりました。これまでも、マルウェアが原因で自動車工場の生産が止まったことはあったのですが、このケースは、部品メーカーへのサイバー攻撃が、サプライチェーン全体に影響を与えました。セキュリティは主に情報系システムのリスクと考えられることが多いのですが、この事件では、製造業の事業基盤である工場に影響が及んだ点、サプライチェーン全体に影響が及んだ点が注目されました。

参照

- piyolog（2022）、サプライヤーのシステム障害によるトヨタ自動車の国内全工場停止についてまとめてみた（https://piyolog.hatenadiary.jp/entry/2022/02/28/224420）

2021年5月に、米国の石油パイプライン企業も、ランサムエアの影響を受け業務を停止しました。この企業は米東海岸で45%のシェアを持つことから、石油製品の供給に大きな影響を与えました。重要インフラであるエネルギー産業への攻撃としては、最大のものと言われています。この事件は、サイバー攻撃が社会基盤に影響を与えることを示す事例となりました（**図2-1**）。

参照

- piyolog（2021）、米石油パイプライン企業へのサイバー攻撃についてまとめてみた（https://piyolog.hatenadiary.jp/entry/2021/05/12/051650）

▼図2-1　左：Colonial Pipeline社の事業展開[注1]、右：ガソリンスタンドの様子（ノースカロライナ）[注2]

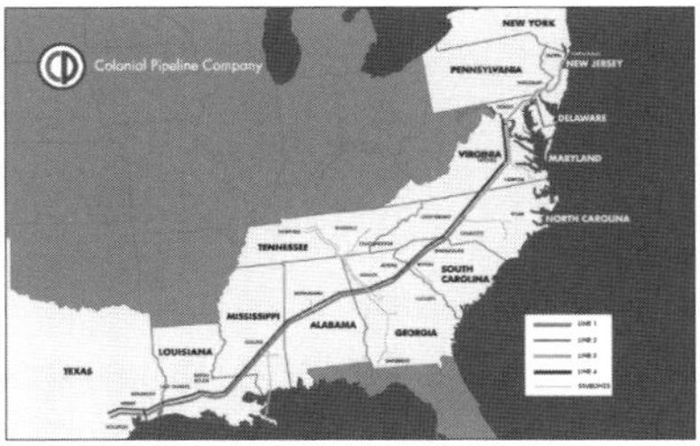

注1　Colonial Pipeline：Twitter（2021）、Latest Update - Colonial Pipeline Return to Service（https://twitter.com/Colpipe/status/1392590110231863297）

注2　INSIDER（2021）、The Colonial Pipeline is back up, but gas shortages have gotten worse and it'll take time to make up the shortfall（https://www.businessinsider.com/when-will-colonial-pipeline-gas-shortages-end-2021-5）

2021年10月の地方の拠点病院に対するランサムウェア攻撃は、医療提供環境に大きな影響を与え、医療が重要な社会インフラであることを再認識させるものでした。この事件については、次節の「セキュリティ事件・事故に関する報告書」で取り上げます。

2022年2月には決済代行業者が決済情報への侵害があったことを発表しています。経済インフラである決済システムへの侵害は、多方面への影響を与えました。また、クレジットカード情報や取引情報を保護するための基準であるPCI DSS監査において、報告漏れや脆弱性レポートの改ざんが問題とされ、経済産業省から行政処分が行われています。この事件も、次節の「セキュリティ事件・事故に関する報告書」で取り上げます。

参照

- piyolog (2022)、メタップスペイメントの情報流出についてまとめてみた (https://piyolog.hatenadiary.jp/entry/2022/03/04/193000)

②内部関係者による事件・事故

2022年6月に、地方公共団体が全市民の個人情報を記録したUSBメモリを紛失したと公表しました。このケースは、業務委託先企業がデータ更新のために持ち出した際に、安全な運送サービスを利用せず、担当者が再委託先の社員とともにデータを移送して起きたものです。データ移送中に飲食を行い、USBメモリを持った再委託先社員が路上で寝込んでしまい、鞄ごとUSBメモリを紛失したというものでした (2022/11/28に報告書が公表されました[注3])。

参照

- piyolog (2022)、全市民の個人情報を保存したUSBメモリ紛失についてまとめてみた (https://piyolog.hatenadiary.jp/entry/2022/06/24/005044)

社員や委託先がかかわる事件・事故では、2022年5月に地方公共団体職員による住民情報の違法な取得についても報道されています。2021年3月に公表された、証券会社の委託先社員 (当時) が顧客のIDとパスワードをバックアップから解析し顧客資産の売却を行ったケース、2021年12月に公表された、生命保険会社社員による約170億円の不正送金事件、2021年1月に、退職した社員が営業機密を持ち出したとして逮捕された通信事業者のケース、2021年8月に発表された、業務委託先従業員が取引先情報や個人情報を無断でダウンロードし、外部クラウドにアップロー

注3　尼崎市USBメモリー紛失事案調査委員会 (2022)、尼崎市USBメモリー紛失事案に関する調査報告書 (https://www.city.amagasaki.hyogo.jp/_res/projects/default_project/_page_/001/030/947/1128houkokusyo.pdf)

ドを行ったケースなどが報道されています。

参照

- piyolog（2022）、全市民の個人情報を持ち出した内部不正事案についてまとめてみた（https://piyolog.hatenadiary.jp/entry/2022/05/27/200000）
- piyolog（2021）、業務委託先元従業員による松井証券の不正送金事案についてまとめてみた（https://piyolog.hatenadiary.jp/entry/2021/03/28/040339）
- piyolog（2021）、ソニー生命保険社員による不正送金事案についてまとめてみた（https://piyolog.hatenadiary.jp/entry/2021/12/24/063545）
- 日経クロステック（2021）、ソフトバンクvs楽天モバイル、機密情報の不正持ち出しで損害賠償1000億円の根拠（https://xtech.nikkei.com/atcl/nxt/column/18/00687/112100098/）
- piyolog（2021）、個人利用クラウドへのアップロードも行われた再委託先従業員による情報持ち出しについてまとめてみた（https://piyolog.hatenadiary.jp/entry/2021/08/10/063000）

Small Tips

内部犯行と外部からの攻撃

「内部犯行と外部からの攻撃のどちらを重視すべきか？」という議論があります。Versions社のData Breach Investigations Report 2022（以下、DBIR 2022）[注4]によれば、データ侵害の割合は外部が約80%、内部が約20%、パートナーはごくわずかでした。内部犯行と外部からの攻撃は、どちらも現実の問題であり、対策が必要であることを示すデータとなっています（**図2-2**）。

▼図2-2　データ侵害の割合（DBIR 2022）

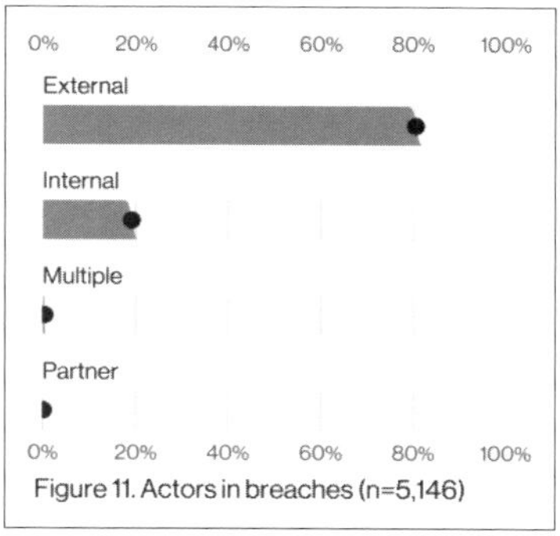

注4　Versions（2022）、Data Breach Investigations Report 2022（https://www.verizon.com/business/resources/reports/dbir/）

Column

ランサムウェアとVPN装置

2-2節「①社会インフラに影響を与えた事件・事故」で挙げた事件・事故は、決済代行業者の例を除いて、すべてVPN装置を起点としたランサムウェアによる攻撃でした。セキュリティを高めるはずのVPN装置ですが、やはり脆弱性は存在します。これらの攻撃に悪用されたと考えられる脆弱性は、2019年9月にJPCERT/CCから注意喚起が行われています[注5]。特にインターネットからアクセス可能な場合は、迅速な脆弱性対応が必要であることを示す事例となりました。

ランサムウェア被害の拡大は、Cybereason社からもレポートが公表されています[注6]。DBIR 2022と同様に、攻撃を受けた際の被害金額（身代金支払い額）が際立って伸びています（**図2-3**）。この背景には、サイバー保険の普及により、被害にあった企業が身代金を払えるようになったこともあるようです。

また、同レポートではランサムウェアの影響として、経営幹部の人材損失や、従業員の解雇といった、これまで注目されてこなかった点にも言及しています。

▼図2-3　ランサムウェア市場 Cybereason[注6]

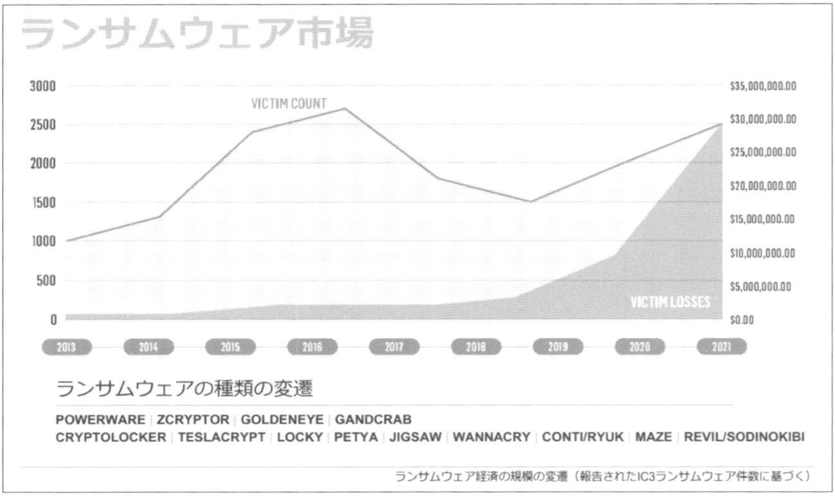

注5　JPCERT/CC（2019）、複数のSSL VPN製品の脆弱性に関する注意喚起（https://www.jpcert.or.jp/at/2019/at190033.html）

注6　Cybereason（2022）、RansomOps～複雑なランサムウェアオペレーションの内側とランサムウェア経済～（https://www.cybereason.co.jp/product-documents/white-paper/8110/）

ランサムウェアに対する身代金の支払いは、海外事例と考える方も多いと思いますが、SOPHOS社のレポート注7によれば、日本が最も身代金を支払った国と分析されています。

▼図2-4　ソフォス「ランサムウェアの現状2022年版」注7

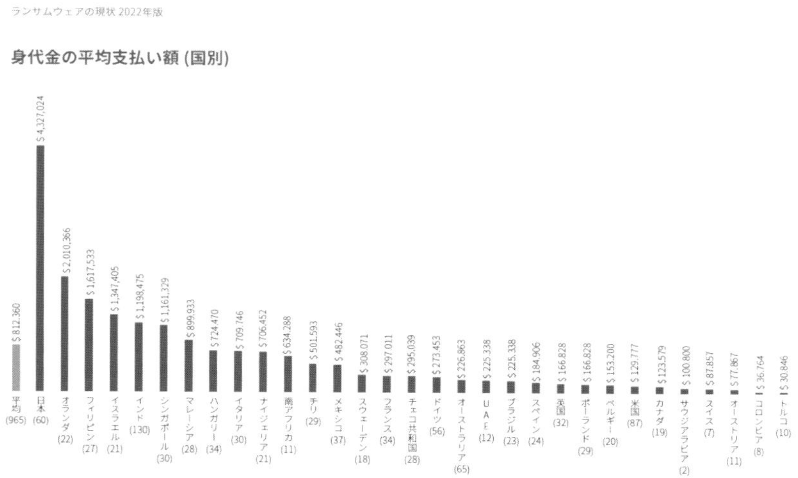

日本における身代金支払いについては、読売新聞から興味深い記事が公表されています。この記事によれば、被害者が直接身代金を払うケースだけではなく、データ復旧業者が身代金の支払い代行を行っている場合もあるようです。

ランサムウェア被害にあった際に、身代金の支払いは経営判断となりますが、事前に方針を定めておかないと、判断が難しい状況に置かれることになります。

参照

- 読売新聞オンライン（2022）、「身代金の支払い代行はできますか」「実はやってます」…万策尽きハッカーに要求額支払う（https://www.yomiuri.co.jp/national/20220615-OYT1T50037/）

なお、身代金を支払った企業の8割が再被害にあったという報道もあり、改めてランサムウェアの対応の難しさを物語っています。

注7　SOPHOS（2022）、ランサムウェアの現状2022年版 － Sophos News（https://news.sophos.com/ja-jp/2022/04/27/the-state-of-ransomware-2022-jp/）

参照

- 日経新聞（2022）、ランサム攻撃、身代金支払企業の8割が再被害　米社調査（https://www.nikkei.com/article/DGXZQOUC105OG0Q2A610C2000000/）
- Cybereason（2022）、ランサムウェア対策の基本は「敵を知り、己を知れば百戦危うからず」（https://www.cybereason.co.jp/blog/edr/8120/）

ランサムウェアに関する追記の最後に、ランサムウェアグループのメンバーへのインタビューから、興味深いコメントを以下に抜粋します。

- RaaS[注8]の収益の配分は、20～30%（攻撃者）：70～80%（デベロッパー）
- 平均年収は1億米ドル以上
- 殺されてもおかしくないと考えている
- ランサムウェアの攻撃は暗号化からダウンロード（情報の窃取）に移行している

参照

- TRILOGY WORX（2021）、ランサムウェアグループREvilメンバーへのインタビュー - テリロジーワークス（https://www.twx-threatintel.com/threat-intelligence/20210128/revil/）

2-2 セキュリティ事件・事故に関する報告書

日本でもセキュリティ事件・事故が大きな社会問題となったことで、報告書が公表されるケースが増えています。事件・事故は良いことではありませんが、報告書を公表することで説明責任を果たすとともに、知見を共有し、社会的な財産として活用できるようになります。

ここで紹介する報告書は、担当された方のご苦労が滲むような内容です。事件・事故の詳細を理解するだけではなく、要因や原因、そして公表すべき内容を学ぶ上で大変参考になります。事故報告書を事前に分析し、CISO-PRACTSIEを効果的で現実味のあるものとしてください。

①2014年　ベネッセにおける個人情報漏えい事案

2014年の「ベネッセ個人情報漏えい事案」は、大きな社会問題として話題となりました。事件については多数報道されていますが、その後の取り組みをご存じの方は少ないと思います。

注8　RaaS：Ransomware as a Service

ベネッセホールディングスは、事故の内容と対策について「個人情報漏えい事故調査委員会による調査結果のお知らせ」として公表しています。不正行為の原因として、システムの問題に加えて、体制やコーポレート・カルチャーに言及し、再発防止策と公表時点での対応状況についても記載されています。また、第三者機関の設置や、セキュリティ企業のラック社と合弁でデータベースの保守・運用を担当する会社を設立するなど、組織内にとどまらない大規模な取り組みが行われています。

参照

- ベネッセ（2014）、個人情報漏えい事故調査委員会による調査結果のお知らせ（https://blog.benesse.ne.jp/bh/ja/news/m/2014/09/25/docs/20140925%E3%83%AA%E3%83%AA%E3%83%BC%E3%82%B9.pdf）

②2015年　日本年金機構における個人情報流失事案

2015年の日本年金機構流出事案は、社会的な問題として報道され、その後の公共機関のセキュリティ対策に対して大きな影響を与えました。2021年にCOVID-19（新型コロナウイルス）対応の際に、公共機関のIT化の遅れが社会問題となりましたが、年金機構の事案を契機に推進された、情報システム強靭化対策が、背景の1つとなっているかもしれません。

この事案では、4つの組織から報告書が公表されており、首相官邸のホームページに各報告書のリンクが掲載されています。

参照

首相官邸（2015）、日本年金機構における不正アクセスによる情報流出事案について（https://www.kantei.go.jp/jp/pages/nenkin_fusei_access.html）
- 情報セキュリティ強化等に向けた組織・業務改革（平成27年9月18日　厚生労働省）
  - 概要（PDF / 176KB）、本文（PDF / 297KB）
- サイバーセキュリティ基本法第27条第3項に基づく勧告（平成27年9月11日　内閣サイバーセキュリティセンター）（PDF / 289KB）
- 日本年金機構における不正アクセスによる情報流出事案検証委員会検証報告書（平成27年8月21日　厚生労働省）
  - 要約版（PDF / 1.0MB）、報告書（PDF / 1.5MB）
- 不正アクセスによる情報流出事案に関する調査結果報告（平成27年8月20日　日本年金機構）（PDF / 10.3MB）
- 日本年金機構における個人情報流出事案に関する原因究明調査結果（平成27年8月20日　サイバーセキュリティ戦略本部）（PDF / 758KB）

③2017年　日立グループにおけるWannaCry事案

WannaCryは2017年5月12日に世界中に影響を与えました。日本でも複数の企業が影響を受けたことが知られています。影響を受けた企業の1つである日立グループでは、サイバー攻撃に対する堅牢化に取り組んでおり、その内容が「日立総論」（2018 vol.100 No.3）に掲載されています。

このレポートも大変興味深い内容となっています。特に「4つの教訓」で述べられている「災害対策のIT-BCPとサイバーセキュリティのIT-BCPは全く異なることを再認識した」という点が印象に残ります。

参照

- 日立論評（2018）、デジタル技術とともに進化する社会インフラセキュリティ　サイバー攻撃事案の教訓と社内堅牢化の取り組み（https://www.hitachihyoron.com/jp/archive/2010s/2018/03/05b02/index.html）

④2018年　産総研の情報システムに対する不正アクセス事案

2018年の産総研（産業技術総合研究所）への不正アクセスも大きな話題となりました。この事案は「産総研の情報システムに対する不正なアクセスに関する報告」として、詳細な報告書が公表されています。

この事案は、メールシステムの脆弱なパスワードを起点に、イントラネットへ侵入し、横方向の侵害を繰り返す典型的な標的型攻撃です。標的型攻撃がどのように行われるか、また、同様の攻撃を受けた場合の対策を知る上で、大変参考になる資料です。

参照

- 産業総合研究所（2018）、産総研の情報システムに対する不正なアクセスに関する報告（要約）（https://www.aist.go.jp/pdf/aist_j/topics/to2018/to20180720/20180720aist.pdf）

⑤2020年　NTTコミュニケーションズに対する不正アクセス事案

2020年のNTTコミュニケーションズへの不正アクセスは、すでに利用を取りやめた、海外子会社のシステムを起点とした攻撃と公表されています。

簡潔にまとめられた報告書ですが、対応の規模を考えると、膨大な作業が背景にあることが伺えます。通信事業者であり、セキュリティ部隊を持っている企業であるからできた対応かもしれません。

参照

- NTTコミュニケーションズ（2020）、当社への不正アクセスによる情報流出の可能性について（https://www.ntt.com/content/dam/nttcom/hq/jp/about-us/press-releases/pdf/2020/0528.pdf）
- NTTコミュニケーションズ（2020）、当社への不正アクセスによる情報流出の可能性について（第2報）（https://www.ntt.com/content/dam/nttcom/hq/jp/about-us/press-releases/pdf/2020/0702.pdf）

⑥2021年　徳島県半田病院に対するランサムウェア攻撃事案

2021年10月31日に徳島県の公立病院がランサムウェアによる攻撃を受けて、院内のシステムがダウンするという事案がありました。この事件では、特命医療チーム（DMAT）が対応にあたるなど、大きな社会問題として報道されました。

この事件については、2022年6月に有識者会議による報告書が公表されています。報告書によれば、直接的な原因は、既知のVPN装置の脆弱性を悪用した侵害とされています。この背景として、病院内のサーバーやPCに対して、脆弱なパスワードの利用、ロックアウト機能の未設定、マルウェア対策ソフトの未稼働、自動更新の未設定などの問題が指摘されており、発注者（顧客）とベンダーの責任分界点についても言及されています。

なお、攻撃を受けた病院の様子については、MBSニュースの報道で詳しく紹介されています。

参照（CISOハンドブック）

ベンダーの選定は、簡単な問題ではありません。『CISOハンドブック』では、「第11章　製品選定とベンダー選定」として、ベンダーの選定について記載しています。

参照

- つるぎ町半田病院（2022）、コンピュータウイルス感染事案有識者会議調査報告書について（https://www.handa-hospital.jp/topics/2022/0616/index.html?fbclid=IwAR03IQp3bjD3_iGvPyOTBBhCXuNGuYT4h235YcZO1MC7HwyjjZ-Xvgihk9I）
  - コンピュータウイルス感染事案有識者会議調査報告書（PDF）
  - コンピュータウイルス感染事案有識者会議調査報告書－技術編－（PDF）
  - 情報システムにおけるセキュリティコントロールガイドライン（PDF）
- Software ISAC（2022）、ランサムウェア、徳島県の病院から学ぶこと（https://softwareisac.jp/wp/?p=19936）
- 日経クロステック（2022）、ランサム被害の徳島・半田病院、報告書とベンダーの言い分から見える根深い問題（https://xtech.nikkei.com/atcl/nxt/column/18/00001/06927/）
- MBSニュース（2022）、サイバー攻撃と戦った公立病院の2か月間『電子カルテが暗号化』過去の検査結果も病歴もわからず…手書き対応にも苦労（https://www.mbs.jp/news/feature/kodawari/article/2022/01/087200.shtml）

⑦2022年　メタップスペイメントに対する不正アクセス事案

2022年2月に決済代行事業者（メタップスペイメント社）に対する不正アクセスにより、最大46万件のクレジットカード決済情報が流出したと報道されました。決済代行事業に対する不正アクセスは、このサービスを利用している多くの企業にも影響を与え、経済産業省から行政処分が行われました。処分理由を見ると、PCI DSS監査において、新規サービスの報告が漏れていた点、脆弱性のレポートを改ざんした点などが指摘されています。

参照

- 経済産業省（2022）、クレジットカード番号等取扱業者に対する行政処分を行いました（https://www.meti.go.jp/press/2022/06/20220630007/20220630007.html）
- メタップスペイメント（2022）、第三者委員会調査報告書（公表版）（https://www.metaps-payment.com/company/report_metapspayment_20220701.pdf）
- 徳丸浩の日記（2022）、メタップスペイメント不正アクセス事件の第三者報告書から攻撃の模様を読み解く（https://blog.tokumaru.org/2022/07/metaps-card-info-leakage.html?fbclid=IwAR15BdBAVPbRw4sB_K-Cm7YQJTanMXNMRBxqL37C2xkv_bxyeCzSVdgC81Q）

TIPs for CISO and Security specialist

めったに起きない事象を管理する

本文中でも何度か書いていますが、公表されている事故報告書は必読の資料です。特に本章で紹介した報告書は技術的にもしっかりしたもので、事件・事故の際に、何が起きたかを知るための貴重な資料になっています。

これらの報告書を見ると、もし自分が事件・事故に直面したときに、このレベルの調査・分析・対応ができるのだろうかと、暗い気持ちになることがあります。自分の身には降りかからないと考えたいところですが、そういうわけにもいきません。

一方で、事件・事故はそう頻繁に起こるものではありません。頻繁に起きていては身が持ちませんが、めったに起きない事象の対策は、難しい面があります。

筆者が所属していたISS（Internet Security Systems）社がMSS（Managed Security Service）事業を始めた際に、パートナーとしてお世話になった電話会社の方から、めったに起きない事故を管理する手法として、ヒヤリハットについて伺ったことがあります。

電話会社では電柱に上るなどの高所作業がつきもので、事故が起きると人命にかかわる深刻な事態となってしまいます。このため、事故の予防対策が必要ですが、事故0を管理目標としてもうまくいかないそうです。「落下事故なし」を目標とすると、ほとんどの月は目標を達成しますが、事故が起きた月だけが未達となり、管理・改善の手掛かりがありません。万一落ちてしまった場合は、指導の機会もなくなるので、教育による改善を目指すことも難しそうです。

この会社では、事故そのものを計測や管理の対象とせず、比較的よく発生する「事故につながりかねない小さな事象（ヒヤリハット）」に着目し、これを管理の対象とするそうです。これは、ハインリッヒの法則としても知られている考え方で、1件の重大な事故の背景には、29件の軽微な事故と、300件のヒヤリハットがあるというものです。日常的に発生するヒヤリハットが減少すれば、その1/300の割合で発生する重大な事故も減少するという考え方です（**図2-5**）。

▼図2-5　ハインリッヒの法則[注9]

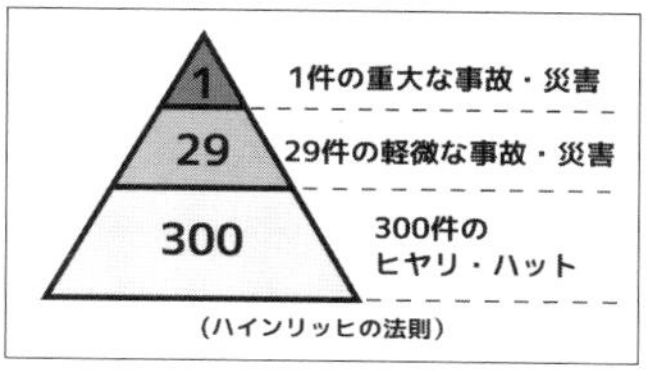

この考え方は、セキュリティ対策に対しても重要な示唆となっています。事件・事故を管理対象とすると、電話会社の落下事故と同様に管理ができません。ヒヤリハットに相当する指標として、日常的に着信する迷惑メール、フィッシングメール、ウイルスメール、規定違反などの計測可能な事象を利用することで、状況の把握と管理ができるようになります。この考え方は、『CISOハンドブック』の「Annex B　CISOダッシュボード」としてまとめていますので、ご参照いただければと思います。

TIPs for Management

交通事故と宝くじとセキュリティ

たくさんのセキュリティ事件・事故の事例を紹介しました。まったく嫌な話ばかりだ、と思われたかもしれません。そうであれば、ここまで読んでいただいてうれしく思います。

正常化の偏見（認知バイアス・正常性バイアス）という言葉があります。宝くじは当たると思って買うけれど、交通事故に遭うと思って出かける人はいない、というようなものです。確率を比べてみると、明らかに交通事故で死亡する確率の方が高いのですが、なぜか自分は事故に遭わないと思う方が多いようです。

この章でご紹介した事件・事故はどれも実際に起きたものばかりです。交通事故と同様に、ご自身の会社にも起きる可能性は少なくないと考えてよいでしょう。万一、事件・事故が起きたとしても対策を任せているCISOがいるから大丈夫かもしれません。しかし、CISOが経営に沿った良い仕事をしているか評価できるでしょうか。いざというときに、頼りになる相棒として信頼できるでしょうか。CISO-PRACTSIEで仮の修羅場を共有することで、CISOの仕事を評価し、信頼関係と共通の認識基盤を構築することは、悪い考えではないと思います。

注9　Wikipedia（2022）ハインリッヒの法則
（https://ja.wikipedia.org/w/index.php?title=%E3%83%8F%E3%82%A4%E3%83%B3%E3%83%AA%E3%83%83%E3%83%92%E3%81%AE%E6%B3%95%E5%89%87&oldid=88156947）

Column

セキュリティはやればできる仕事なのか？

セキュリティ対策は、やればできる簡単なこと、と考えられているような気がします。たとえば、政府の重要インフラ対策を見ても、セキュリティ担当者はしっかり対応すべきだと書かれていますが、そのためにどれだけのリソースを投入すべきか、という経営的判断、たとえばセキュリティ担当者の評価を上げるべきだ、給料を上げるべきだという話は出ていません。

参照

- サイバーセキュリティ対策本部（https://www.nisc.go.jp/council/cs/index.html）

日本では、監査的なアプローチからセキュリティ対策が進んだため、規準を満たしていることが担当者の評価基準となり、施策の困難さ、運用の難しさが伝わりにくいのかもしれません。どうも、CISOは自らの手で、経営者にセキュリティ対策の重要性、業務の難しさを伝える必要があるようです。

想定損害額を示せば、経営者の理解が得られるという考えから、SROI（Security Return On Investment）、ROSI（Return On Security Investment）などの手法が使われることもありますが、本質的な課題は金額による可視化ではなく、経営者がセキュリティを自らの問題としてとらえにくい点にあるようです。

経営者は実際にセキュリティ事件・事故が起きるまでは、お化けや魔法使いを題材にした漫画やドラマの話という感覚かもしれません。しかし、事件・事故が起きてから準備をしたのでは対応が後手に回ってしまいます。事故が起きる前に、セキュリティ事件・事故は現実の問題であることを得心していただく必要があります。

CISO-PRACTSIEは、セキュリティ担当者と経営者が机上演習という模擬的な経験を通じて、経営者がセキュリティ対策を自分事してとらえ、対策の重要性、困難さ、コスト感などを共有する機会になると考えています。

第3章

[Profile]
ドキュメントとリスクのプロファイル

机上演習を行うために必要な規程類や技術資料を確認し、事業のリスクとリスクに対応する責任者を確認します。

- 必要な資料が作成されており、必要なときにアクセスができることを確認する
- 事業視点からのリスク評価が行われ、責任者が明らかであることを確認する
- リスク評価に基づいて深刻度、優先度、影響範囲が判断できることを確認する
- 最新の情報が維持されていることを確認する

CISO-PRACTSIEでは、事前に机上演習で利用する規程類や技術資料を用意する必要があります。本章では、規程類や情報資産管理台帳と、演習の対象とするシステムのリスク評価状況を確認します。なお、本書では、資料や情報を収集し整理する作業をプロファイルと呼称します（**図3-1**）。

本章でプロファイルした資料は、次章の演習で利用するだけでなく、セキュリティ施策を進めるための基本的な資料となります。

▼図3-1　CISO-PRACTSIEの構成概要（P.プロファイル）

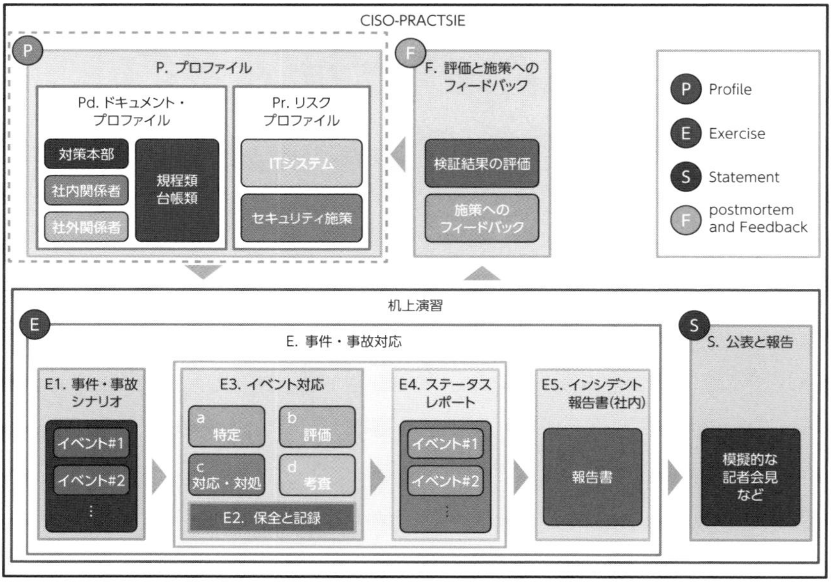

3-1 Pd 規程や台帳のプロファイル

システム、データ、アカウントなどの情報資産管理や構成管理（インベントリ）は、セキュリティ施策の基本ですが、「言うは易く行うは難し」の典型的な作業で、精度の高いインベントリの維持は容易ではありません。

本節では規程類や情報資産管理台帳などのプロファイルを通じて、必要な資料が存在すること、抜けがないこと、アクセスできること、最新であることを確認します。

参照（CISOハンドブック）

セキュリティ戦略の概要については、『CISOハンドブック』の「第２章　情報セキュリティマネジメントの基礎知識」を参照してください。

Pd1 規程類・手順のプロファイル

現状のセキュリティ対策状況を確認するため、会社が定めている規程類や情報資産管理台帳を確認します。この段階では、資料の良し悪しや、存在の有無は考えず、手に入るものを整理することを目指します。

Pd1-a 基本的な規程類

セキュリティにかかわる規程類のプロファイルから始めてください。JNSAの情報セキュリティサンプル改版（1.0版）では、セキュリティ関係の規程類を**表3-1**の構成としています。

▼表3-1 JNSA：情報セキュリティポリシーサンプル改版（1.0版）[注1]

01_情報セキュリティ基本方針	08_セキュリティ・インシデント報告・対応規程
01_情報セキュリティ方針	09_システム変更管理規程
02_人的管理規程	10_システム開発規程
03_外部委託先管理規程	11_システム管理規程
04_文書管理規程	12_ネットワーク管理規程
05_監査規程	13_システム利用規程
06_物理的管理規程	14_スマートデバイス利用規程
07_リスク管理規程	15_SNS利用規程

Pd1-b コミュニケーション方法

事件・事故が起きた際にコミュニケーションが必要な役職（ロール）と人物、コミュニケーション方法をプロファイルします。役職だけでもよいようなものですが、具体的な人物を記載することで、プロファイルの精度が格段に上がります。

注1　JNSA（2016）、情報セキュリティポリシーサンプル改版（1.0版）（https://www.jnsa.org/result/2016/policy/）

緊急対応において、関係者とのコミュニケーションは、最も重要な取り組みの1つです。しかし、同じ企業の中でも、部門や組織によって専門領域が異なり、文化や目標が異なるため、横断的なコミュニケーションは簡単ではありません。経営判断が必要になった場合に、適切なコミュニケーションが遅滞なく取れればよいのですが、難しい場合はコミュニケーション方法を事前に決めておく必要があります。また、深夜、休日、出張中といった状況における連絡方法についても確認し、できれば連絡が取れない場合の手順についても決めておきます(**表3-2**)。

▼表3-2 関係者とコンタクト方法

コンタクト先	氏名	連絡方法	窓口
緊急対応手順などに記載された役職・役割など	該当する人物の氏名	メール、ビジネスチャット、電話などの具体的な連絡方法 メーリングリスト名、チャネル名など	秘書を通じて連絡する、メールは読まない、休日は反応がないなど、コミュニケーションのお作法

コミュニケーションが必要な相手として、ITシステムの開発や構築を行ったベンダーや、弁護士などの社外の専門家もできる限り記載してください。いわば、味方のプロファイルに相当します(**表3-3**)。

▼表3-3 外部コンタクト先の例

ITシステムなど	ITシステムの構築を行ったベンダー
	システム開発を委託したベンダー
	使用している機器のメーカー
セキュリティ企業	緊急対応サービス
	マルウェアなどの解析
	フォレンジックサービス
	セキュリティ検査
	セキュリティ監視サービス
	セキュリティコンサルティング全般
法務全般	弁護士、法律事務所
会計財務	公認会計士、税理士、税務署など
保険金	保険会社
輸出入管理	安全保障貿易情報センター

プロファイルの範囲を外れますが、コミュニケーションチャネルがあっても、日常的に利用しないと、いざというときに機能しません。何らかのトリガーを使って、定期的にコミュニケーションを図ることが必要です。たとえば、セキュリティ事件・事故の定期報告や、大きな事件・事故、深刻な脆弱性などをトリガーとしてください。

一方で、実際にセキュリティ事件・事故が起きたときには、すでにシステムやアカウントが侵害を受けている可能性があるため、通常利用しているコミュニケーションチャネルは使うべきではないとの考えもあります。CISO-PRACTSIEは、実際の事件・事故対応とは異なり、平常時の机上演習なので、通常のコミュニケーションチャネルを使うことを前提としていますが、事件・事故に対応する際のコミュニケーション手段についても、議論と準備を進めてください。

Pd1-c 通報・連絡を受ける窓口

事件・事故につながる情報は、必ずしもCSIRT窓口に届くとは限りません。大代表や広報窓口に届くこともあれば、社員からシステム異常として情シスに報告されることもあります。

セキュリティ事件・事故の連絡が入る可能性のある窓口を洗い出し、それぞれの窓口の担当および連絡方法、窓口からのエスカレーション手順について確認してください（**表3-4**）。

▼表3-4 通報・連絡窓口の例

外部からの連絡・通報窓口		内部の連絡・通報窓口
一般的な窓口 ・代表・大代表 ・顧客窓口 ・サポート窓口 ・広報窓口 ・採用窓口 ・各種通報窓口	セキュリティ関係の窓口 ・CSIRT ・セキュリティ通報窓口 ・個人情報関係の窓口 ・プライバシー窓口 ・データ保護責任者 ・EU代理人	・顧客担当 ・ヘルプデスク ・情シス ・CSIRT

Pd2 システムとセキュリティ施策のプロファイル

情報資産全般とセキュリティ施策をプロファイルします。CISO-PRACTSIEは机上演習なので、プロファイルされた情報がないと演習を進めることができません。

ここに挙げる情報は、どの企業でも用意されている「はず」ですが、そもそもどこにあるかわからない、特定の担当者だけが知っている、適切なアクセス権が付与されていないなど、事件・事故が起きた際に使えないことも考えられます。事件・事故の対応を迅速に進めるためにも、必要な情報をプロファイルしてください。

Pd2-a 技術資料・情報資産管理台帳

CISO-PRACTSIEを実施する上で、最低限必要な情報を以下に例示します。ドキュメントの名称、アクセス方法などをプロファイルしてください（**表3-5**）。

▼表3-5　収集する技術資料の例

一般的な名称	目的
情報資産管理台帳	イベントの深刻度、緊急度、影響範囲を分析・評価する際に必要
ネットワーク構成図	ネットワークレベルで、イベントの深刻度、緊急度、影響範囲などを分析・評価する際に必要
IPアドレス一覧	IPアドレスが起点となるイベントで、セグメントや端末を、ネットワーク構成図や、情報資産管理台帳と紐づけるために必要

情報資産管理台帳は、複数の部門に分かれて管理されていることも多いと思います。この場合は、それぞれの台帳を対象としてください。自動的なインベントリと、情報資産管理台帳が紐づけられていることが理想です。情報資産管理台帳が最新の情報であることも確認します。

ネットワーク構成図については、どのレベルの構成図を対象とするか迷うかもしれません。技術的な分析・評価のためには詳細なネットワーク構成図が必要ですが、経営陣や事業関係者に対する説明には、概要レベルのネットワーク構成図が向いています。

多くのシナリオでは、IPアドレスがイベントの起点となります。この場合、IPアドレスから、対象となる端末やセグメントを判断し、情報資産管理台帳と関連付ける必要があります。IPアドレス一覧が整理されていないと、特定の社員しか状況の判断ができない、誤った情報に基づいて作業を進めてしまうなど、調査・対応の遅れや大きな手戻りにつながります。

ネットワーク構成図、IPアドレス一覧とも、必ずしも最新の状況が反映されているとは限らない点に注意してください。担当者にヒアリングし、新たに書き起こした方がよい場合があるかもしれません。

Pd2-b　システム一覧

主要なシステム、オーナー(責任者)、担当者をプロファイルします。できるだけ多くのシステムをプロファイルしてください。しかし、システムのプロファイルは大変な作業なので、CISO-PRACTSIEを始めるにあたっては、机上演習の対象とするシステムに限定しても構いません。

情報資産管理台帳にシステムが含まれているか、情報資産管理台帳に漏れがないか、また、詳細過ぎないかといった点も見ていきます。特に、クラウド上に構築したシステムや、SaaSなどの外部サービスは管理から漏れやすいので注意してください。

表3-6に、主要なシステムを例示しています。それぞれのシステムついて、オーナー、担当者、記録しているログ、保有する情報（特に個人情報や他の機密情報）などを

明らかにします。

▼表3-6　主要システム一覧の例

カテゴリ	システム名	システムごとの記載項目の例
基本的なITインフラ	認証システム	・システム名 ・実装（システム名、サービス名など） ・オーナー（責任者）・担当者 ・関連ベンダー（開発、構築、運用など） ・実施しているセキュリティ対策 ・ログの種類、内容、保存期間など ・アカウント、特権アカウント ・システムが保有する情報（特に個人情報、機密情報）
	メールシステム	
	ファイルサーバー	
	カレンダー	
	ビジネスチャット	
公開システム	ホームページ	
	コンシューマ向けシステム	
	ビジネス向けシステム	
	SNS公式アカウント	
	求人関係	
社内システム	ERP、決済システム	
	給与明細・源泉徴収	
	電子契約システム	
	その他	
システム開発環境	GitHub	

システムの開発・構築・運用を業務委託している場合は、業務委託の範囲や責任分界点について、改めて確認してください。2-2節「⑥2021年　徳島県半田病院へのランサムウェア攻撃」では、発注元とベンダーの責任分界点が議論されています。セキュリティ施策の実装、脆弱性情報の追跡、セキュリティ更新の適用、インシデント対応時の責任と関係者などにも注意します。

Small Tips

インベントリ――当たり前だけど遠い目標

CIS Controls[注2]、Cyber Security Framework[注3]といった著名なセキュリティフレームワークでは、ハードウェアとソフトウェアのインベントリ（台帳管理・構成管理）の重要性が強調されています。もっともな話であり、当然の話でもあるのですが、実際に精度の高いインベントリを維持することは容易ではありません。技術的な問題だけではなく、組織上の問題も絡んできます。

システムのプロファイル作業は、組織としてのインベントリ管理について議論する良い機会にできると思います。

注2　Center for Internet Security（2021）、CIS Controls V8（https://learn.cisecurity.org/control-download）

注3　IPA（2018）、重要インフラのサイバーセキュリティを改善するためのフレームワーク　1.1版：Framework for Improving Critical Infrastructure Cybersecurity Version 1.1（https://www.ipa.go.jp/security/publications/nist/）

Pd2-c アカウントと権限

主要なシステムは、SSO（Single Sign On）で統合されていることも多く、比較的プロファイルが容易かもしれません。一方、サーバー、ネットワーク機器、Webサービスなど、個別に管理・管轄が行われているアカウントもあるはずです。また、AWS、Azure、GCPなどのクラウド・プラットフォームや、SaaSとして提供されているサービスのアカウントも、独自の管理を行っている可能性があります。

このような点にも配慮しながら、各システムのアカウントと権限をプロファイルしてください。特に、特権IDの管理に注意が必要です。クラウド・プラットフォームは、サーバーとは異なる特権体系を持つので、この点も注意してください（**表3-7**）。

▼表3-7 アカウントと特権

システム名称	システムなどの名称
アカウント管理者	責任者および担当者
管理方式	IDMによる管理、ローカルアカウントで管理など
アカウントの種類	システムにおける権限（ロール）の種別と付与条件
特権アカウントのライフサイクル	作成・変更・無効化・削除などのライフサイクル
アカウントのライフサイクル	一般アカウントの作成・変更・無効化・削除などのライフサイクル
特権アカウント所有者	特権アカウントを付与したアカウントと権限
アカウント一覧	台帳または確認方法

Pd2-d 委託先

業務委託先と契約内容をプロファイルします。業務委託にはさまざまな形態があります。クラウド・プラットフォーム（IaaS、PaaS）やSaaSも業務委託に該当するので忘れずに記載してください。個人情報保護法やEU一般データ保護規則（GDPR）では、委託先の管理が求められます。適切な手順に従っているか、必要な情報が手元にあるかといった点にも注意が必要です（**表3-8**）。

▼表3-8　業務委託など

取引先	取引先の名称
業務概要	業務の概要を記載する
再委託	再委託の禁止または条件、確認の方法など
契約内容	情報管理の義務などについて記載する 海外の場合：DPA（Data Processing Agreement）、SCC（Standard Contractual Clauses） SLAや、問い合わせ対応の条件なども確認する
取り扱う情報の種類	情報の種類と重要度などについて記載する
国と地域	データを保存する国や地域、アクセスを行う国や地域を記載する
準拠法	紛争時の準拠法を記載する
第三者提供	個人情報の第三者提供に該当する場合は、その旨記載する
データの保護	基本的なデータの保護策を記載する アクセス制御： 暗号化： その他：
情報のライフサイクル	受け取る場合 • データの受け取り手順 • 保管方法 • 廃棄方法 受け渡す場合 • データの受け渡し手順

Small Tips

GDPRとGoogle Fonts/Google Analytics

2022年1月にオーストリアのデータ保護機関（DSB）から、Google Analyticsの使用がEUの一般データ保護規則（GDPR）に違反するとの判断が示されました[注4]。また、2022年2月には、ドイツでGoogle Fontsの利用は、当該サイト利用者のIPアドレスの無断提供であり、プライバシー侵害にあたるとの判決がありました[注5]。

DSBの判断は「IPアドレスやCookieなどの識別子は、他のデータと組み合わせることで“パズルのピース”のように訪問者を特定する可能性があるため、サイト訪問者の個人データでありGDPRの対象となること、を理由の1つ」として挙げています。サービス提供者は、IPアドレスの取得についても利用者の同意が必要との判断です。

一方で、Google Fontsに関する判決は、「これらのデータを、米国の諜報機関が個人を監視するための出発点として使用していること」を理由として挙げています。利用者からGoogle Fonts利用の同意を得たとしても、Google社が実施している個人情報（IPアドレスなど）の保護措置が、米国の情報機関からのアクセスを阻止するためには不十分である点が問題とされることになります。

日本で2022年4月に施行された改正個人情報保護法では、「A社が自社のウェブサイトにB社のタグを設置し、B社が当該タグを通じてA社ウェブサイトを閲覧したユーザー

注4　TechCrunch（2022）、In bad news for US cloud services, Austrian website's use of Google Analytics found to breach GDPR（https://techcrunch.com/2022/01/12/austrian-dpa-schrems-ii/）

注5　REWIS RS（2022）、LG München, Urteil vom 19.01.2022, Az. 3 O 17493/20（https://rewis.io/urteile/urteil/lhm-20-01-2022-3-o-1749320/）

の閲覧履歴を取得している場合」「個別の事案ごとに判断することとなりますが、A社がB社のタグにより収集される閲覧履歴を取り扱っていないのであれば、A社がB社に閲覧履歴を「提供」したことにはならず、B社が直接にユーザーから閲覧履歴を取得したこととなると考えられます」注6とされています。

ここで述べたようにGoogle Analyticsに代表されるタグを使ったサービスは、解釈や判断が難しい面があります。このため、各社のプライバシーポリシーにおける、Google Analyticsなどの記載が注目されることになりました。

Pd2-e　セキュリティ施策のプロファイル

セキュリティ施策をプロファイルします。全体的なセキュリティ戦略が策定されていることが望ましいのですが、策定されていない場合もあるかもしれません。

どの組織でも、予算承認が伴うソリューションの実装は記録されていると思いますが、セキュリティ戦略、セキュリティプログラム、セキュリティアーキテクチャなど、抽象度の高い計画については、明確なドキュメントがない組織も多いと思います。

セキュリティ施策を**図3-2**のように階層的に考えると、アクティビティやタスクに相当する実装計画はあっても、コンセプト、プログラム、アーキテクチャといったレベルの計画が策定されない傾向があります。セキュリティ施策のプロファイルを通じて、計画が策定されている階層、策定されていない階層を明らかにすることにも取り組んでください。

▼図3-2　セキュリティ施策の階層モデル

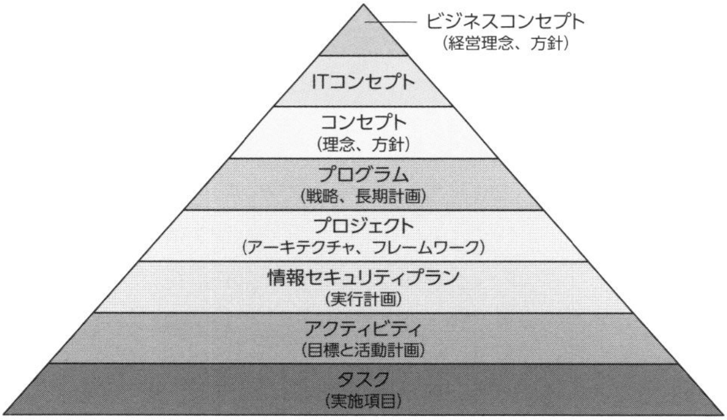

注6　個人情報保護委員会（2022）、個人情報の保護に関する法律についてのガイドラインに関するQ&A（https://www.ppc.go.jp/personalinfo/faq/APPI_QA/#q8-10）

参照（CISOハンドブック）

セキュリティ計画の立案については、『CISOハンドブック』の第2章を参考にしてください。CIS Controlsに基づいたセキュリティ計画を例示しています。

TIPs for CISO

ITとセキュリティの橋渡し

一般論ではありますが、CISOが責任を持つ領域は膨大な範囲に及びます。国際規準の知見も重要ですし、セキュリティソリューションについての知見も求められます。最新のITシステムやIT環境の知識も必要ですが、現在のクラウドを中心としたアジャイルなIT環境に関して自信の持てないCISOも多いのではないでしょうか。はっきり言えば、わからないことの方が多いと思います。自分がわからない領域は、つい昔からの知識に頼りたくなりますが、現状に沿わない施策は、開発や運用の邪魔になっているかもしれません。

技術的な資料についても、あるはずの資料が見つからない、3年間更新されていない、部門に閉じた断片的な資料しか存在しない、といったことがあると思います。また、自分が土地勘のない領域については、どんな資料が必要かを把握することも難しいかもしれません。

第1章で「経営とセキュリティの橋渡しが必要」と書きましたが、「ITとセキュリティの橋渡しも必要」であり、IT環境が高度化する状況では、CISOがIT環境の理解を深めることは不可欠の取り組みと言えます。

プロファイルは、あるはずの資料を確認する作業であり、実際のシステムがどのように構築され、運用されているかを確認する作業でもあります。

日常業務の中で、「ネットワーク構成図とIP一覧持ってきて」と依頼をすることはなかなかありませんが、プロファイルを通じて関連部門を含めた現状を把握し、健全な状態を目指す契機とすることが期待できます。つまり、CISO-PRACTSIEは自分に不足している、社内の現状に対する知見を得るための手段とも言えます。

TIPs for Management

セキュリティの成果を定義する

どんな仕事も難しいわけですが、セキュリティも例外ではありません。実際にCISOという立場になってみると、改めて難しさを実感します。情報システム担当者やセキュリティ担当者の笑えない笑い話に、「査定で＋（プラス）が付くことはない」注7というものがあります。何も起きなければ活躍をしていない、何か起きれば仕事ができていない、というわけです。情報シスがストライキを起こしたら、たぶん事業はまったく動かなくなりますし、セキュリティ対策がなければ、耐震設計のない家に住んでいるようなものです。しかし、セキュリティ担当者の成果を定義することは簡単ではありません。

実のところ、情報システム担当者、セキュリティ担当者は手に入りにくい人材になっています。要因の1つは、先に述べた古いIT文化と、クラウド、DX、アジャイルに象徴される新しい技術が混在している点にあります。

良い情報システム担当者やセキュリティ担当者を維持するためには、情報システム担当者やセキュリティ担当者の良い仕事を、良い仕事と認めるだけでも違ってきます。戦略的な資産と考えて、同業他社並みとか言わないで、大手外資系IT企業並みの給与水準にしてみるのもよいかもしれません。

経営にかかわる機会を作ることも良いチャレンジとなるはずです。向き不向きもあるでしょうし、我慢も必要だと思いますが、セキュリティ担当者にとっては得難い機会になり、他の経営陣にとっては事前にセキュリティ対策を組み込む機会となります。何よりも事件・事故が起きた際の対応が格段に楽になります。人材を採用していく上でも、魅力的なキャリアパスの提示につながるものと思います。

給料を上げるかどうかはともかく、平常時のセキュリティに対する評価は、事業が目指すものと密接にかかわります。平時の情報システムやセキュリティをどのように評価するかは、事業計画の中でも重要性が高まっている論点です。

参照（CISOハンドブック）

DX（デジタルトランスフォーメーション）やクラウドの定義や、これらを中心としたセキュリティ対策については、『CISOハンドブック』「第8章　DXと情報セキュリティ」「第9章　クラウドファーストの情報セキュリティ」を参照してください。

注7　実際にはそうでもない場合も多いのですが、本当に評価されない企業も少なくないようです。

3-2 Pr 事業とシステムのリスク・プロファイル

想定するセキュリティ事件・事故に対するリスク項目をプロファイルします。セキュリティ事件・事故の対応では、マルウェアの駆除やフォレンジックといった技術的な視点に偏ったリスク評価になりがちですが、事件・事故の際には事業視点のリスク判断が求められます。事業視点でリスク評価は、財務への影響、業務への影響、顧客への影響の視点で考えていきます。

▼図3-3 基本となる評価軸

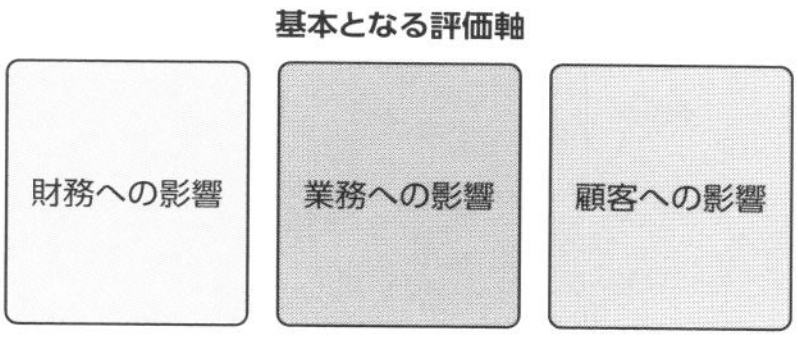

この3つの視点はセキュリティ関係者だけで評価することはできません。経営陣や事業関係者の協力が不可欠です。しかし、セキュリティ事件・事故を想定して事業を行っているとは限らず、事業担当者が独力でリスク評価を行うことは難しいと考えます。

CISO-PRACTSIEでは、事業とシステムをプロファイルし、次にリスク対策状況をプロファイルすることで、事業が直面するリスクを技術視点と事業視点の双方から明らかにします。

参照（CISOハンドブック）

事業リスクのベースとなる経営指標については、『CISOハンドブック』の「第3章　基本となる経営指標」「第4章　情報セキュリティの指標化」をご参照ください。

CIAから事業リスクへ

一般に、セキュリティに携わっていると、CIA（Confidentiality、Integrity、Availability）で影響を評価しますが、事業レベルの事象と影響に置き換えないと、事業責任者や経営陣との会話が成り立ちません。技術的に厳密な内容を報告するよりも、新聞や雑誌の見出しになったらどうなるかを伝える方が的確に伝わります。

図3-4は、セキュリティ上の問題を、想定される侵害、そして見出しに相当する事象として階層化したものです。「脆弱性が見つかりました」と報告をしても、事業責任者が深刻度を判断することは困難ですが、脆弱性により「ユーザーのなりす

まし」ができること、「不正な購買でユーザーに金銭的被害が発生する」ことを伝えれば、深刻度が伝わりやすくなります。

▼図3-4 CIAからビジネスリスクへ

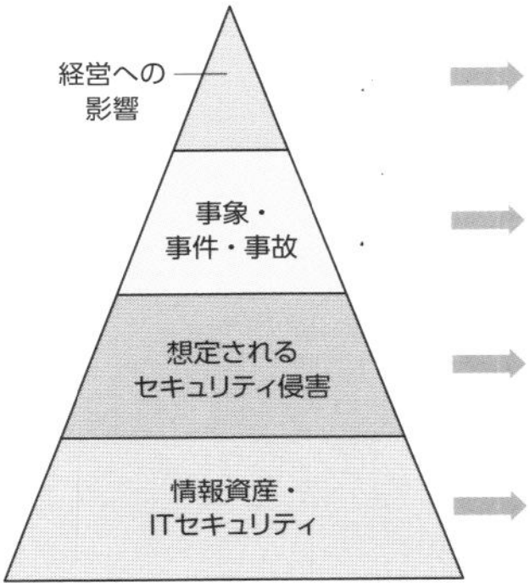

<table>
<tr><th>Confidentiality
(機密性)</th><th>Integrity
(完全性)</th><th>Availability
(可用性)</th></tr>
<tr><td colspan="3">競合優位性の低下：競合の躍進、評判の低下
費用的な損失：損害賠償、営業機会損失
事業への影響：営業停止</td></tr>
<tr><td>ストーキング
秘密の暴露
スパイ行為</td><td>システム誤作動
偽の発注・契約
紛争の誘発</td><td>システムの停止
社員間の連絡できない
社外との連絡できない
売上が立たない</td></tr>
<tr><td>利用状況の漏えい
画像・音声の漏えい
踏み台による漏えい</td><td>プログラムなどの改ざん
データの改ざん</td><td>プログラムなどの改ざん
制御データの改ざん
通信経路の遮断</td></tr>
<tr><td colspan="2">ソフトウェアの脆弱性
設定の不備
プロトコルや暗号の不備
ネットワークや通信の不備</td><td>運用上の不備
利用者による改造
認証の不備
ワーム・ウイルス</td></tr>
</table>

代表的なリスク項目

一方、事業視点でセキュリティリスクを考えると、想定する領域が膨大な範囲となり、容易に評価ができません。代表的なリスク評価としてISO31000がありますが、リスクマネジメントにおける事前の評価項目という位置付けであり、セキュリティ事件・事故が起きた際の事業への影響分析には、必ずしも適していません。

CISO-PRACTSIEでは、実際のセキュリティ事件・事故を参考に、代表的なリスク評価項目を**表3-9**として整理しています。事業によって考慮すべき評価項目は多岐にわたりますが、不足している項目はリスク評価を進めながら補完してください。

なお、財務の影響については、「JNSAインシデント損害額調査レポート2021年版[注8]」が参考になります。このレポートで取り上げられている項目を、**表3-9**の財務の項に記載しています。詳しくは、レポートをご参照ください。

注8 JNSA (2022)、インシデント損害額調査レポート2021年版 (https://www.jnsa.org/result/incidentdamage/2021.html)

▼表3-9 事業視点でのリスク評価項目

<table>
<tr><th>項目</th><th>例・視点</th><th>顧客</th><th>業務</th><th>財務[注8]</th></tr>
<tr><td>情報漏えい・流出</td><td>情報の 機密度・情報量
情報の種類（個人情報、知財等）
認証情報など</td><td rowspan="7">影響
影響範囲
顧客数
顧客業務</td><td rowspan="7">影響
回復時間
影響範囲</td><td rowspan="7">費用損害（事故対応損害）
事故原因調査
対外対応
広告・宣伝、コールセンター
見舞金、被害範囲等調査
復旧および再発防止
システム復旧、再発防止
賠償損害
賠償費用、弁護士費用等
利益損害
直接的・間接的な機会損失
金銭損害
身代金（ランサムウェア）
詐欺被害、オンラインバンク
行政損害
個人情報保護法、GDPR、CCPA
無形損害
ブランド毀損、株価</td></tr>
<tr><td>改ざん</td><td>情報の 機密度・情報量
情報の種類（個人情報、知財等）
認証情報など</td></tr>
<tr><td>業務の停止・縮退</td><td>停止
縮退（一部停止）</td></tr>
<tr><td>コンプライアンス</td><td>制裁金、行政命令
PL法・リコール
拘束、逮捕、拘留、起訴</td></tr>
<tr><td>社会的な影響</td><td>人命・身体
環境汚染</td></tr>
<tr><td>被害の拡大</td><td>ランサムウェア
APT/バックドア
他サービスへの影響</td></tr>
<tr><td>想定される事象</td><td>報道、炎上
不買運動、取引停止
脅迫・詐欺行為、暴露</td></tr>
</table>

Pr1 事業視点のリスク・プロファイル

稼働しているシステムのリスクをプロファイルします。すでにリスク分析が行われている場合は、必ずしも実施する必要はありませんが、リスク評価の結果をプロファイルに反映することで、リスク評価から漏れている項目や、例示した評価項目の漏れを補完することができます（**表3-10**）。なお、Annex Dでも仮想企業の例として、同じフォーマットでリスク・プロファイルを記載しています。

人命や環境など、一見システムとは関係のない項目も記載していますが、システム侵害の結果として想定すべきリスク項目です。検討から漏れないようにしてください。

▼表3-10 評価対象事業・システムのプロファイル例(暗号資産取扱事業者)

項目		確認する内容	暗号資産取扱事業者の例
事業概要	事業概要	事業概要、ユーザー特性、利用形態などを記載する	暗号資産の売買代行システム ・主要な収益は手数料 ・評価差額は持たない
	事業責任者	役職と氏名を記載する	担当執行役員:北澤常務
	運用責任者・担当者	特に責任者は、役職と氏名を記載する	システム側:後藤システム部長 システム運用グループ(秋葉M) ビジネス側:本庄企画部長 コンシューマビジネス企画室(伊藤D)
	開発責任者・担当者	特に責任者は役職と氏名を記載する	システム:後藤システム部長 システム開発グループ(垣内M) ビジネス開発は考えなくてよい
	ユーザー数(有償、無償)	システムを利用するユーザー数を記載する	150万人
	売上高・見込み	対象事業の売上高または、見込みを記載する	年間 売上取扱高 1千億円 利益 600億円
	ユーザーの居住地域 サービス提供地域 日本、EU、US、CH、KOなど	海外対応が必要かを判断するため、ユーザーの主な居住地域を記載する	日本国籍および国内居住者(金融庁免許)
連絡窓口	ユーザーサポート 顧客担当 会社代表 インシデント・脆弱性	インシデントが報告される可能性のある連絡窓口を記載する	Webに問い合わせページ 担当営業制度はない
取り扱う情報	情報の種類	取り扱う情報の種類を記載する。特に、機微性の高い情報に着目する	■個人情報 □仮名個人情報 ■金融関連情報 □その他の機微情報
	改ざんされた場合の影響(自社・顧客など)	たとえば、マルウェア拡散、金銭的な損害、社会インフラの停止、人命への影響、会計処理の問題、炎上	自社が保管している暗号資産が盗まれる可能性がある 顧客資産はオフラインになっているので、盗難の可能性は低いが、暗号鍵が盗まれた場合は、この限りではない
業務停止の影響	SLA	システム停止、金銭的な処理、責任の所在など	明確なSLAはない
	自社への影響	業務の停止・遅延、決済の停止などの影響	売上機会の損失 ユーザーが他社に逃げる可能性 システム停止中の価格変動に対する訴訟の可能性 金融監督庁からの業務停止命令など
	顧客などへの影響	サプライチェーンの停止 金銭的な損害	システム停止中の価格変動による損失
	直接的な機会損失(平均売上・利益)	1日当たり、1時間当たりの売上など	売上:3億円/日 利益:1.7億円/日
遵守すべきコンプライアンス	法的な義務 ガイドライン	個人情報保護、金融関係、医療関係、教育関係などの法令、ガイドライン	金融庁事務ガイドライン 日本暗号資産取引業協会(JVCEA)
	制裁金・罰金・罰則など	GDPR xx億円など	顧客が日本に限られるので、GDRP的な制裁金はない 金融庁関連の制裁金はないが、業務停止命令などの措置を受ける可能性がある
社会的な影響	人命・身体	自動運転、プラント、医療機器など	直接的な生命・身体への影響はないが、損害を被ったユーザーの自殺などは考えられる
	環境汚染	プラントなど	N/A
	倫理的バイアス	分析、AI診断	N/A
	経済的損失(株価など)	相場の乱高下、物価	経済に影響を与える可能性はある
	その他		N/A

Pr2 システムレベルのリスク・プロファイル

システムのセキュリティ施策状況についてプロファイルします。SaaSなどの外部サービスについても、同様にプロファイルしてください。

自ら運用するシステムであるか、外部サービスであるかにかかわらず、システムのリスク評価を行うための手ごろな評価基準として、中小事業者向けのクラウド選定ガイドラインENISA：Cloud Security Guide for SMEs注9を利用した例を紹介します（**表3-11**）。なお「具体的な確認項目」は、ENISAの評価項目を具体化するため本書が独自に定義したものです。

プロファイルは監査ではないので、厳密に確認する必要はありません。しかし、明らかに対策が不足している項目があれば、その理由や背景について確認を取るようにしてください。

なお、「Cloud Security Guide for SMEs」は、少し難しく感じるかもしれませんが、取り上げられている項目は合理的なものです。「Annex D　仮想企業を使った実習例」で分析例を紹介していますので、併せて参照してください。

▼表3-11　技術的なプロファイル（社内のサービスのプロファイル）（続く）

ENISA	具体的な確認項目
O01: Geographic spread	O0100 複数のデータセンターを利用している
O02: Elasticity	O0200 柔軟なキャパシティを持つインフラを利用している
O04: Physical security	O0400 信頼できるデータセンターを利用している
O05: Incident response around-the-clock	O0500 事業がCSIRTを持っている
	O0510 事業のインシデント対応窓口が用意されている
O06: Software development	O0600 SDLが実装されている
	O0610 標準に基づいたセキュリティ検査を実施している
O07: Patching and updating	O0700 合理的なパッチマネジメントが行われている
O08: Backups	O0810 特定の日時にリカバーできる
O09: Server-side storage	O0900 ボリュームレベルの暗号化をしている／できる
O10: Security-as-a-service and security add-ons	O1000 具体的なセキュリティ対策を実装している
O11: Certification and compliance	O1100 セキュリティ認証を取得している
R01: Software security vulnerabilities	R0100 ホストレベルの要塞化を実施している
	R0120 ホストレベルのセキュリティ検査を実施している
R02: Network attacks	R0200 ネットワークレベルの要塞化をしている
	R0210 ネットワーク端末のパッチマネジメントを実施している
	R0230 ネットワークレベルの検査を実施している
R03: Social engineering attacks	R0300 ユーザーへのメールに署名している
	R0302 ユーザーへのメールにSPF, DKIM, DMARKなどの対策を行っている
	R0310 ユーザーがMFAを利用できる
	R0320 IPアドレス制限を実施できる

注9　ENISA（2015）、Cloud Security Guide for SMEs（https://www.enisa.europa.eu/publications/cloud-security-guide-for-smes）

▼表3-11　技術的なプロファイル（社内のサービスのプロファイル）（続き）

ENISA	具体的な確認項目
R04: Management GUI and API compromise	R0410 管理GUI/APIでMFAを利用できる
	R0420 IPアドレス制限を実施できる
	R0430 管理用のネットワークを分離している
R06: Physical hazards	R0600 BCPプランを実装している
R07: Overloads	R0700 回線の増強ができる（自動・手動）
	R0710 システムリソースの増強ができる（自動・手動）
R10: Administrative or legal outages	R1000 同一法人として事業が継続できなくなった場合のデータの取り扱いがSLAに明記されている
R11: Foreign jurisdiction issues	R1100 サービス提供国の個人情報保護の対応を行っている
	R1110 サービス提供国のその他の法令の対応を行っている（サポート外の国から利用するユーザーの対策も想定）

TIPs for CISO

経営視点と経営プロトコル

本書では、よく事業視点、経営視点という言い方をしていますが、納得感はあるでしょうか。実のところ、筆者自身は経営視点とは何だろうと考え続けています。経営視点とはどのようなものでしょうか。

まず考える必要があるのは、“経営”という何か確かなものがあるわけではなく、会社の数だけ経営があるという点です。一方で、経営は何でもありかというと、そうでもなく、基本的な枠組みがあります。経営は、ある意味アートな話になりがちなので、オペレーションやマネジメントといった実務に落とし込まないと、議論が難しいテーマかもしれません。

『CISOハンドブック』でも書いていますが、筆者が経営にかかわったのは、ISS社在籍時にセキュリティコンサルティング事業を立ち上げたときです。当然、経営会議で報告が求められるわけですが、言ってみれば経営会議のプロトコルがわからずにいました。頑張ったつもりですが、残念ながら基本的な素養が欠けていたようです。そのためか、2年ほどセキュリティコンサルティング事業を担当した後、CIOとして社内システムを見る立場に変わることになります。

CIOとして経営会議に参加すると、自分の数字（売上責任）から離れた立場で、客観的に会議のやり取りを見られるようになりました。漠然と経営のプロトコルが見え始め、ついでながら、少なからぬ同僚が、筆者と同様にプロトコルから外れた報告をしていることにも気づきました。

事業責任者は、事業計画を立案し、これをオペレーション（業務執行）することが基本です。経営は水晶玉という名言を残した上司もいましたが、計画は単なる見込みではなく、株主や社員、その他の関係者との約束事（コミット）です。売上目標に達しないときには「社長が押し付けた、そもそも無理な数字じゃないですか！」と言いたくなるところですが、事実関係はともかく、責任者を「降りた！」に等しい発言になってしまいます。

事業を計画どおりに進めることが望ましいわけですが、必ずしも計画どおりにいくとは限りません。最も困るのは、ギリギリのタイミングになって達成できないと白状することです。早い段階でわかっていれば、当該事業へのテコ入れや、他の事業でのリカバリーを計画できますが、これができないタイミングでは打つ手がありません。こうなると、事業責任者の責任にとどまらず、経営計画をマネジメントができなかったとして、経営者が責任を問われることになります。

セキュリティについても同様で、突然「やられました！」と言われても打てる手には限りがあります。経営者や事業責任者は、どんな事件・事故が起きる可能性があり、それが財務、業務、顧客に対してどのような影響を与えるかを、あらかじめ把握しておきたいと考えるはずです。

CISO-PRACTSIEを通じて、模擬的に事件・事故の経験を経営陣と共有することは、セキュリティ施策が、何を防ごうとし、何を守ろうとしているかを共有することにつながります。加えて、CISOやセキュリティ担当者が経営視点と経営のプロトコルに触れることで、事業や経営に沿ったセキュリティ対策を推進するための第一歩になると考えています。

TIPs for Management

経営戦略とセキュリティ投資

ずいぶんと昔の話ですが、あるセキュリティ関連企業（仮にA社）の経営陣に、業界横断的なイベントへの協力のお願いに伺ったことがあります。残念ながら、断られてしまったのですが、どうも私が考える経営とは違うゲームをしているという違和感が残りました。

同じ業態で売上を伸ばしていくには、シェアを上げるか、パイ（マーケット）を大きくするしかありません。マーケットを拡大することは、競合関係にあっても協力しやすい取り組みです。A社で対応いただいた方は、大型汎用機を扱う会社のご出身のためか、マーケットは自分たちが作るものではなく、そこにあるマーケットの中で経営をしていけばよいとのお考えで、マーケットの成長には、あまりご関心がないようでした。A社は、技術者が業務を請け負う人月商売が主要なビジネスなので、技術者の頭数が売上限界を決めるため、マーケットを拡大してもメリットが薄いという判断なのかもしれません。

A社のような人月商売の辛いところは、構造的に利益率が上がらない点にあります。売上は人員数に制限されますし、社員の給料を上げるには、それに見合った人月単価が必要です。売上の伸びが見込めないとなると、人件費を下げて利益を確保するしかありません。大型汎用機の時代にはハードウェアの価格も高く、人月単価に利ザヤもあったのですが、オープンシステムへの移行を契機に、ハードも安価になり、人月単価は下がることはあっても上げることは難しい状況となりました。

A社の場合は成長を前提とせず、事業継続を目標としていたようですが、私が所属した会社は、いわゆる外資系が多かったこともあり、売上を伸ばす（成長する）ことを当然の前提としていました。事業継続は事業の根源ではあるのですが、事業継続を目標にすると、直近の利益を下げる中長期的な計画が難しくなってしまいます。加えて、主要な経費である人件費を抑える必要があるため、実績と昇給にギャップが生まれ、結果として、仕事のできる社員、成果を残した社員から去っていくことになりがちです。

セキュリティは投資なのか、費用なのかという議論もありますが、成長と変革を前提としない経営戦略においては、セキュリティ対策は利益を確保するためにできるだけ節約したい経費に過ぎません。成長戦略を取ることで、はじめて事業の成長（売上や利益を伸ばすこと）を妨げるリスクとしてとらえ、目指す成長に見合った投資として認識されるのだと思います。

凌ぐこと、つまり事業を継続することは企業の存在意義そのものです。しかし、成長なき経営を受け容れ続けたことが、日本の失われた30年を作ったのかもしれません。

第4章

[Exercise]
机上演習：
シナリオによる施策検証

シナリオを使ったセキュリティ施策の検証手順を解説します。
主要項目は次のとおりです。

- シナリオからイベントを設定する
- ログなどの保全と記録の方針を確認する
- イベントの対応（特定、評価、対応・対処、考査）を行う
- ステータスレポートを作成する
- 社内向けのインシデント報告書を作成する

CISO-PRACTSIEでは、事件・事故を想定したシナリオに応じて設定したイベントに対して、机上で特定、評価、対応・対処、考査を行い、インシデント報告書を作成します。この作業を通じて、現状のセキュリティ施策の有効性と、判断を行う責任者を確認し、欠けている点や改善すべき点があれば再発防止策を策定し、改善計画として取り組んでいきます。

4-1 机上演習による施策検証の概要

この章では、「第3章 ［Profile］ドキュメントとリスクのプロファイル」で整理した資料を使って演習を行います。事件・事故対応を想定した机上演習の流れを**図4-1**に記載します。

▼図4-1　シナリオによる検証の流れ（E：事件・事故対応）

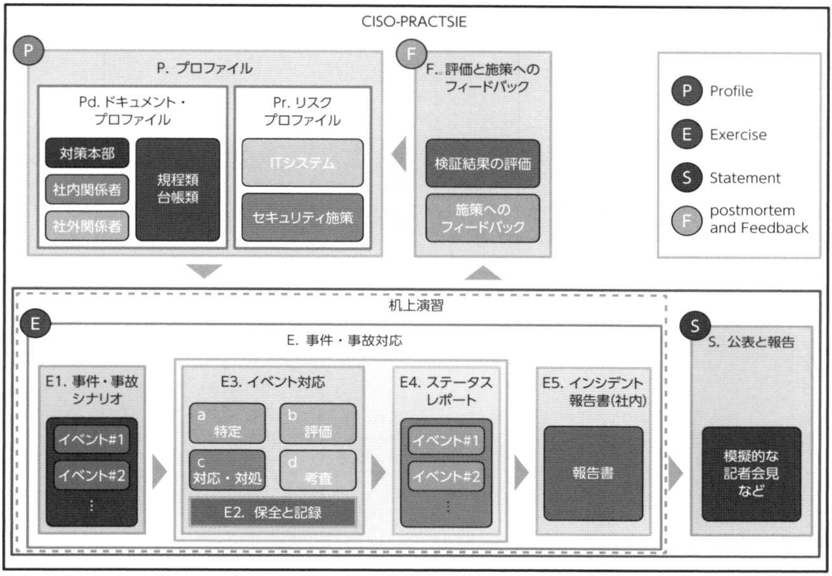

シナリオは複数のイベントで構成します。それぞれのイベントに対する「E3. イベント対応」として、特定（a）、評価（b）、対応・対処（c）、考査（d）に取り組み、ステータスレポートを作成します。イベントに始まりステータスレポートの作成で終了する流れを1サイクルとし、イベント数に応じて複数のサイクルを実施します。

シナリオを使った机上演習を始めるにあたって、「第2章　敵を知る：セキュリティ事件・事故を直視する」や「Annex A　セキュリティ事件・事故シナリオの例」「Annex C　シナリオの展開例」「Annex F　脅威インテリジェンス」などを参考にシナリオを作成します。

シナリオは複数のイベントで構成し、順次投入します。初めから高度なシナリオを使うと、調査に時間が取られ過ぎたり、判断できないことが多過ぎて演習の目的を見失うことになります。比較的簡単で、技術的な対応で済むシナリオから始め、徐々に高度で経営陣の参加が必要なシナリオに進めてください。また、一般的な脅威への取り組みに加えて、「Annex F　脅威インテリジェンス」などを参考に、業種や特性に沿った攻撃の傾向を確認し、シナリオとすることも検討してください。

▼表4-1 E. 机上演習の実施項目

E1. イベントの設定		作成したシナリオに基づいて、イベントを設定する
E2. 復旧と調査の優先順位付け		イベント対応における復旧と調査の優先方針と、ログなどの保全方針を決定する
サイクルとして繰り返し実施	E3. イベント対応	a1. イベントの特定……ITシステムとして何が起きたのか、どのような情報が影響を受けたのかを特定する
		a2. 原因・要因の特定……イベントの原因・要因を特定する
		b. 深刻度・緊急度の評価……技術的な状況を整理し、顧客への影響、法的な義務、罰則、対応に必要なリソースを評価する
		c. 対応・対処（社内・社外）……選択可能な緊急対応手段を検討し、システムの停止・縮退・継続などの判断を行い、必要な対応について検討する
		d. 考査：背景と課題……原因・要因の背景を考査し、取り組むべき課題を明らかにする
	E4. ステータスレポートの作成	イベントへの対応を、ステータスレポートとしてまとめる
E5. インシデント報告書の作成		社内向けのインシデントの報告書を作成する。報告書は、次章でポジションペーパーを作成する際にも利用する

4-2 情報マスターの取り扱い

CISO-PRACTSIEでは、対応の記録をステータスレポートにまとめていきますが、後になって判断の根拠や過程を確認するためには、一次情報や判断の過程と対応を記録する必要があります。これらの記録は、担当者が個別に行うのではなく、参加者全員が参照できる情報マスターとして管理してください。

4-3 E1. イベントの設定

シナリオを分解しイベントを設定します（**表4-2**）。CISO-PRACTSIEでは、現状の対策状況の評価を目的としているため、1つのイベントの対応が終了するまで、次のイベントの投入は行わないことを原則とします。

▼表4-2　投入イベントの例

項目	内容
概要	侵入検知システムのログに、疑わしい通信イベントが記録されていることが判明した
いつ（when）	2022/04/06に実施した侵入検知システムログの調査で、疑わしいイベントが記録されていることがわかった 該当するイベントは2021/10/5からイベントが記録されていた
どこで（where）	社内ネットワークのセグメント-A、WiFiで接続している可能性が高い 地理的には12F-XXXXの可能性が高い
誰が（who） （情報ソース）	セキュリティ担当者が、別のイベントを調べる中で発見した （侵入検知システムのログ）
何を（what）	IPアドレスxxx.xxx.xxx.xxx、MAC:xx:xx:xx:xx:xx
どのように（how）	多数の社外のIPアドレスと、接続を行っていることを確認した
なぜ（why）	不明
補足事項	

4-4 E2. ログなどの保全と記録の方針

インシデント対応においては、復旧と分析のどちらを優先するかにより、対応が大きく異なります。たとえば、PCがマルウェアに感染した場合に、復旧を優先するのであれば、すぐにシステムの初期化と再インストールを行いますが、分析を優先するのであれば、当該PCを確保して詳細な技術調査を行います。復旧を優先する場合でも、原因や影響範囲を特定する上で、ログなどの証跡は欠かせません。代替えのPCを用意する、複数のサーバーで構成されたシステムであれば、証跡の収集が終わったものから順次復旧する、クラウドプラットフォームを利用しているのであれば、新しいインスタンスで復旧を始めるなど、できる限り証跡の保全に努めてください。

4-5 E3. イベント対応

机上演習の中心的な作業となる「E3. イベント対応」は、特定、評価、対応・対処、考査で構成します。

①E3-a1. 状況（イベント）の特定

イベント対応は、イベントを特定することから始めます。直感も重要ですが、何らかの根拠がなければ迷走してしまいます。イベントを特定する根拠を明らかにし、その根拠に基づいて判断を行うようにします。このアプローチは、イベント対応を再現可能なプロセスとして構成するための原則でもあります。

i. 技術視点でのイベントの特定

投入されたイベントの情報に対して、技術的な情報を補完し、調査と対応・対処の対象を明らかにします。

イベントでは、いつ (when)、どこで (where)、誰が (who)(情報ソース)、何を (what)、どのように (how)、なぜ (why) に関する情報が設定されます。これらの情報から対象を特定します。

必ずしも投入されたイベントだけで、対象が明らかになるとは限りません。特定できない場合は不明とし、次のサイクルで原因・要因の特定で取り組むようにします (**表4-3**)。

▼表4-3　技術視点でのイベントの特定

(t)-1. システムの名称・概要	(t)-2. 情報流出の懸念	(t)-3. システム停止の懸念	(t)-4. システム侵害の懸念
影響を受けるシステムがわかるように、名称などを記載する ・名称など： ・ビジネス面の責任者： ・技術面の責任者：	情報流出の懸念について記載する	システム停止の懸念や必要性について記載する	システムが侵害を受け、攻撃が継続、拡大する懸念を記載する

ii. 情報視点でのイベントの特定

影響を受けた情報のカテゴリを特定します。代表的な情報の例を**表4-4**に示します。

たとえば、医療関係の情報など、より注意を払う必要のあるデータがあれば、追記するようにしてください。

▼表4-4　影響を受ける情報の種類

(i)-1. 影響を受ける情報・データの概要	(i)-2. 影響を受けるデータ量・被害者数	(i)-3. 影響を受ける被害者の特徴	(i)-4. 想定される二次被害
影響を受ける情報・データがある場合、その概要を記載する	データ量：データ量について記載する 被害者数：影響を受ける被害者数について記載する	影響を受ける被害者を特定するために必要な特徴を記載する	情報が流出した際に、その情報の悪用により懸念される二次被害について記載する

② E3-a2. 原因・要因の特定

ここまでに実施したサイクルから判断できる範囲で、要因や原因を特定します。わからないものはわからない (不明) とし、次サイクル以降で特定を進めてください。

複数の原因や要因が想定される場合も少なくありません。たとえば、脆弱性が悪用されたことが直接的な原因の場合、脆弱性が対応されなかった背景や課題についても検討する必要があります。CISO-PRACTSIEでは、議論が混乱することを避けるため、イベントの因果関係を、原因、要因、背景、課題と位置付け、原因と要因をこのフェーズの対象とします（**図4-2**）。シナリオの構成にもよりますが、サイクル1では原因を中心に検討し、サイクル2以降で要因について検討を進めるようにします。

▼図4-2　事件・事故の因果関係：イベント・原因・要因・背景・課題

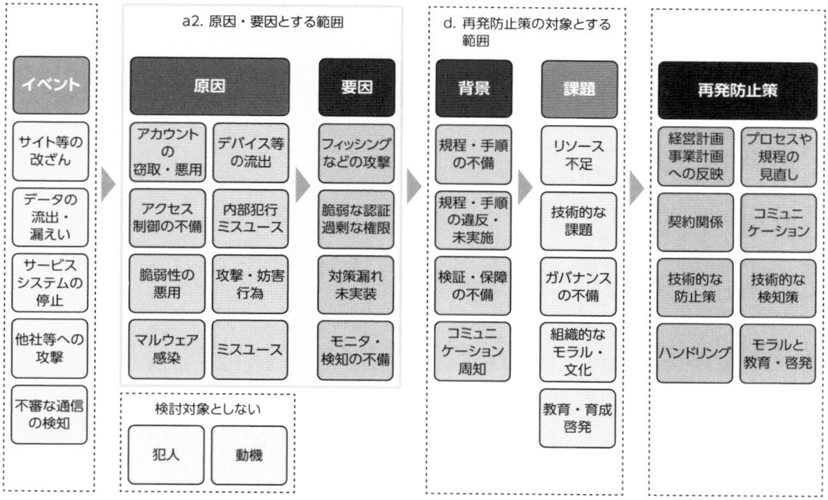

犯人や動機についても検討を行いたいところですが、原則として検討範囲から除外します。犯人が犯罪者であっても国家的組織であっても、実施すべきセキュリティ対策は同じであり、誰が犯人であったとしても再発防止策を検討し、対策できないものについては、残存リスクとして明らかにする必要があるためです。

イベントの作り方によって、イベント・原因・要因の因果関係が違ってきます。たとえば、Webサイトにマルウェアが設置され、閲覧した利用者がマルウェアに感染した場合、マルウェアの設置をイベントとするか、利用者のマルウェア感染をイベントとするかにより関係性が変わります。投入したイベントごとに、イベント・原因・要因・背景・課題は変わるものと考え、最終的な報告の段階においては、外部の視点をイベントとして位置付けるようにします。上記の例では、利用者のマルウェア感染がイベント、Webサイトの改ざんを原因として位置付けます。

i. 技術視点の原因・要因の特定

原因・要因を特定するためには根拠が必要となります。たとえば、データ流出が判明した場合、データを特定するためには、データ実態（データそのもの）、情報資産管理台帳などに基づいて調査を行うことになります。

サーバー上のデータが侵害された場合には、サーバーの認証記録、ネットワークやファイルのアクセスログといった情報が必要であり、管理状況を知るためには、サーバーや情報のオーナー、アクセス権限といった情報も必要となります。

調査を行うにあたって、システムへのアクセス権限や従業員が所有するPCへの調査権限が担保されていること、調査を行うための手順が策定されていることも確認します。

これらの情報を基に、事件・事故の原因・要因を分析し記載します（**表4-5**）。

▼表4-5 事件・事故の原因・要因

(t)-5. 事件・事故の原因・要因（具体的）
事件・事故の原因・要因を記載する

ii. 事業視点の原因・要因の特定

事件・事故は、事業運営・事業推進の不備が原因・要因になっていることも少なくないため、事業視点における原因・要因について検討します。以下に原因・要因の例を記載します。

Apache Struts/Struts2のケース

Apache Struts/Struts2は何度も脆弱性が公表され、多くのサイトの侵害につながりました。技術的な問題と考えられがちですが、運用委託先との契約内容、脆弱性対応を評価する環境や手順などについて検討する必要があります。「⑥2021年徳島県半田病院へのランサムウェア攻撃」で述べられているベンダーとの責任分界点も、同様の課題と位置付けられます。

参照

- piyolog（2017）、2017年3月に発生したApache Struts 2で稼働していたと見られるWebサイトへの不正アクセスについてまとめてみた（https://piyolog.hatenadiary.jp/entry/20170311/1489253880）

オンライン決済事業のケース

2019年に話題となった、オンライン決済事業への攻撃では、既存のシステムを安易に拡大することで、他社への追従を急いだことが要因と考えられます。新たに取り組む事業領域に対しては、十分なリスク評価が必要です。

参照

- piyolog（2019）、7payの不正利用についてまとめてみた（https://piyolog.hatenadiary.jp/entry/2019/07/04/065925）

ホスティング事業者におけるデータ消失のケース

2012年に、ホスティング事業者でバックアップも含めて全データを消失するという事件がありました。この事件では、高い技術力を持つ担当者に、システム運用が一任されていたことが要因とされています。作業量やビジネス展開を見据えた技術者の確保や体制作りができていなかった点を要因と考える必要があります。

参照

- Wikipedia（2021）、ファーストサーバ（https://ja.wikipedia.org/wiki/%E3%83%95%E3%82%A1%E3%83%BC%E3%82%B9%E3%83%88%E3%82%B5%E3%83%BC%E3%83%90）

③ E3-b. 深刻度・緊急度の評価

事件・事故の深刻度・緊急度は、財務への影響、業務への影響、顧客への影響の3つの軸で考えます。CSIRTは、技術的な深刻度の評価はできても、事業レベルの評価は難しいかもしれません。また、事業レベルの影響は、最終的には事業責任者が判断すべきですが、事業責任者がセキュリティ事件・事故を想定しているとは限らず、適切な評価を行うことは難しいかもしれません。

CISO-PRACTSIEでは、技術的な視点と事業レベルの視点の双方から、深刻度・緊急度を評価するための基本的な考え方を提案しています。

i. 技術視点・事業視点の深刻度・緊急度の評価

CISO-PRACTSIEでは、深刻度や緊急度を検討するためには、「事業視点でのリスク評価項目（**表4-6**）」を利用します。不足している要素もあると思いますが、演習を進める中で事業責任者とセキュリティ担当者が補完しながら、考慮すべき影響（要素）を共有し、理解を深めるようにします。

▼表4-6　事業視点でのリスク評価項目（表3-9再掲）

項目	例・視点	顧客	業務	財務[注1]
情報漏えい・流出	情報の 機密度・情報量 情報の種類（個人情報、知財等） 認証情報など	影響 影響範囲 顧客数 顧客業務	影響 回復時間 影響範囲	費用損害（事故対応損害） 　事故原因調査 　対外対応 　　広告・宣伝、コールセンター 　　見舞金、被害範囲等調査 　復旧および再発防止 　　システム復旧、再発防止 賠償損害 　賠償費用、弁護士費用等 利益損害 　直接的・間接的な機会損失 金銭損害 　身代金（ランサムウェア） 　詐欺被害、オンラインバンク 行政損害 　個人情報保護法、GDPR、CCPA 無形損害 　ブランド毀損、株価
改ざん	情報の 機密度・情報量 情報の種類（個人情報、知財等） 認証情報など			
業務の停止・縮退	停止 縮退（一部停止）			
コンプライアンス	制裁金、行政命令 PL法・リコール 拘束、逮捕、拘留、起訴			
社会的な影響	人命・身体 環境汚染			
被害の拡大	ランサムウェア APT/バックドア 他サービスへの影響			
想定される事象	報道、炎上 不買運動、取引停止 脅迫・詐欺行為、暴露			

この作業では、技術的な分析と事業的な分析が表裏一体となっています。「技術視点で特定」した内容と「情報視点で特定」した内容に基づいて事業視点の影響を分析します。

この作業に基づいて、深刻度・緊急度の評価をまとめてください（**表4-7**）。

▼表4-7　深刻度・緊急度の評価

(s)-1. 対応レベル	(s)-2. 状況・概要
□ 経営陣 □ 事業担当執行役員など □ 広報 □ 情シス □ 法務・知財 □ 人事 □ 社員全般	

(s)-4. 顧客・取引先の被害	(s)-5. 自社の被害	(s)-6. 深刻度	(s)-7. 緊急度
□ 金銭的な被害 □ 詐欺行為など □ 機密情報の漏えい □ 業務停止 □ 脅迫行為 □ その他 □ なし □ 不明	□ 金銭的な被害 □ 詐欺行為など □ 機密情報の漏えい □ 業務停止 □ 脅迫行為 □ 信用の失墜 □ 社会的責任 □ その他 □ なし（軽微） □ 不明	□ S：すでに深刻な状況 □ A：深刻な影響の可能性 □ B：一定の影響がある可能性 □ C：軽微な影響の可能性 □ その他	□ S：即時対応 □ A：24時間以内の対応 □ B：3日以内の対応 □ C：1週以内の対応 □ その他

注1　JNSA（2022）、インシデント損害額調査レポート2021年版（https://www.jnsa.org/result/incidentdamage/2021.html）

④ E3-c. イベントへの対応・対処

実際のインシデントでは、イベントの特定、原因・要因の特定、深刻度・緊急度の評価、対応・対処は並行して進められますが、CISO-PRACTSIEでは、フェーズを独立したタスクとし、ステータスレポートへの記入を通じて、調査結果や知見を蓄積します。フェーズを区切ることは、作業の目的を明らかにし、フェーズ違いの議論を避けることにつながります。

i. 事業視点の対応・対処

技術視点の対応・対処と並行して、事業面での対応を検討します。具体的な対応としては、事業を停止して被害の拡大を防ぐ、問題のある一部の事業や機能を停止し事業を継続しながら被害拡大を防ぐ、被害が拡大しても許容できると判断して事業全体を継続する、などが考えられます。

最終的な判断は、事業責任者が行います。必要に応じて事業責任者から経営陣や経営者へのエスカレーションを行うようにしてください。

▼表4-8　事業面の対応

(s)-3. 事業面の対応
□ 事業の停止 □ 事業の縮退（一部停止） □ 事業の継続 背景・状況

ii. 技術視点の対応・対処

事件・事故が起きたときには、被害の拡大を防ぐための緊急的な対処を行う必要があります。しかし、初期段階で入手できる情報は少なく、しかも迅速な対応が求められることから、実施できる調査・対応を事前に整理する必要があります。

一般的に想定される情報と対応の関係性は**図4-3**として整理できます。実際には、システム構成で大きく異なるため、演習を通じて自社の環境に置き換えるようにします。

各項目の詳しい内容については、「Annex B　初期情報からの調査と対処」を参照してください。

▼図4-3 情報と対処のマトリックス

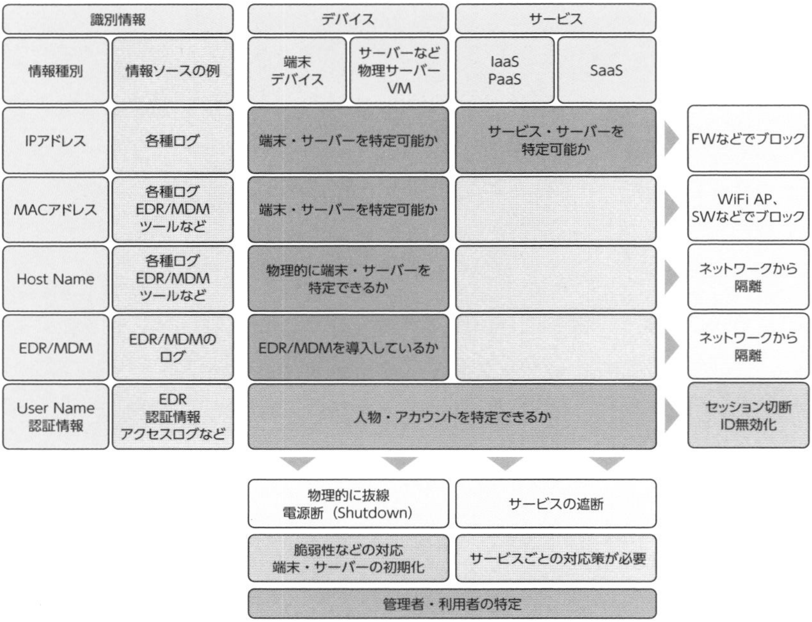

iii. 被害者が実施できる対応・対処

影響を受ける被害者や取引先が実施できる、応急的な対処（ワークアラウンド）と、抜本的な対策についてまとめます。

たとえば、認証情報が漏れた場合には、パスワードの再設定や、多要素認証を有効にすることがワークアラウンドになります。また、被害にあったことを確認するための手段があれば、その方法についてもまとめます。

▼表4-9 被害者が実施できる対応・対処

(c)-1. 被害の確認方法	(c)-2. 被害者のワークアラウンド	(c)-3. 被害者が実施できる対策
事件・事故の影響を確認する方法を記載する	すぐに実施できる回避策、軽減策を記載する	被害を防ぐために被害者が実施できる対策を記載する

iv. 外部の関係者

連絡が必要な外部関係者を整理します。「必須の連絡先」には、法令などで報告や連絡が義務付けられている組織と手続きを記載します（**表4-10**）。72時間以内の報告といった時間的な制約があれば、これも記載します。個人情報保護法およびGDPR（EU一般データ保護規則）については、「Annex E　個人情報に係る報告義務について」に概要と報告義務について記載しました。併せて参照してください。

▼表4-10　外部関係者の確認

(r)-1. 必須の連絡先・監督官庁など	(r)-2. 影響を受ける取引先	(r)-3. 影響を受ける被害者
担当者： 報告先： □ 個人情報保護委員会 □ GDPR □ 監督官庁 □ 警察 □ 不要 時間的な制約：	担当者： 取引先名： □ 第一報を即時入れる □ ある程度事実関係がわかった段階で報告を入れる □ 確実な状況が把握できるまで連絡しない	担当者： □ 第一報を即時入れる □ ある程度事実関係がわかった段階で報告を入れる □ 確実な状況が把握できるまで連絡しない
(r)-4. メディアなどの公知	**(r)-5. 外部の専門家**	**(r)-6. 株主や関係先**
担当者： □ メディア □ ホームページ □ SNSなど □ その他 影響を受けない顧客：	□ 公認会計士・税理士・税務署 □ 弁護士 □ 保険会社 □ 安全保障貿易情報センター □ 労働局 □ セキュリティ企業	□ 親会社、グループ企業 □ 社外取締役 □ 株主 □ 一般的な取引先

主要な連絡先としては、影響を受ける被害者、取引先、監督官庁などに分類できます。取引先については、直接的な影響を受ける取引先だけではなく、直接的な影響は想定しにくい取引先についても考慮します。

影響を受ける被害者への連絡方針についても検討します。深刻な被害が起きている場合は、迅速な周知が必要となりますが、不明瞭な情報を伝えることが被害者の不利益となる可能性もあります。

なお、メディアなどへの公知については、「第5章　[Statement] 机上演習：事件・事故の公表および報告」で取り上げます。

⑤ E3-d. 考査：背景と課題

ここまでの調査に基づいて、イベントの要因・原因の背景を考査します。たとえば、責任と権限、手順、そもそもの事業計画など、マネジメントやガバナンスの問題についても検討してください。この分析を通じて明らかにした再発防止策の起点として、これから取り組むべき課題を明らかにしていきます（**図4-4**）。

▼図4-4　事件・事故の因果関係：イベント・原因・要因・背景・課題（図4-2再掲）

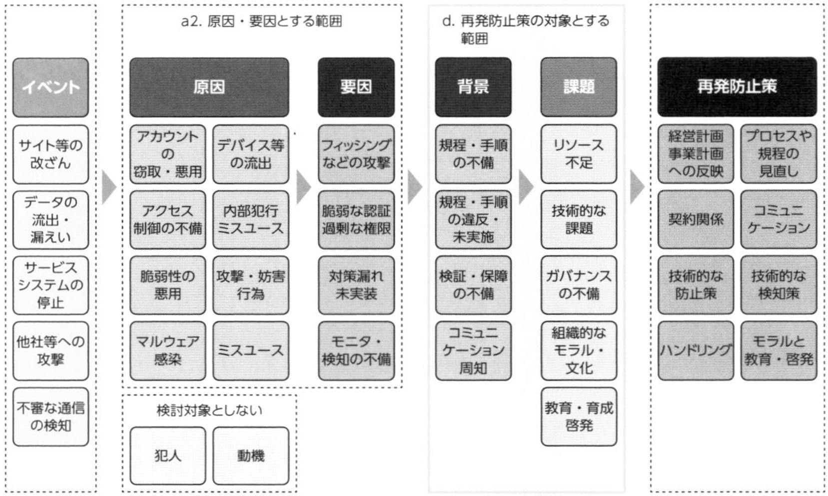

事件・事故の原因・要因について、その背景を考察します。背景の例として以下の項目を挙げることができます。

- 背景の例
  - 規程・手順の不備
  - 規程・手順への違反、未実施
  - 防止策・予防策の不備
  - 検証・保証の不備
  - コミュニケーション・周知の不備
  - 契約内容の不備

原因・要因・背景に対して、対応すべき課題を明らかにしてください。課題の例として以下の項目を挙げることができます。

- 課題の例
  - リソース不足
  - 技術的な課題の存在
  - ガバナンスの不備
  - プロセスの不備

- 組織的なモラル・文化の問題
- 教育・育成・啓発の不備や不足
- 事業計画・事業推進の不備

4-6 E4. ステータスレポートの作成

1サイクルのまとめとして、ここまでに検討した内容に基づいてステータスレポートを作成します（**表4-11**）。

▼表4-11　シナリオ1：ステータスレポート（続く）

	(b)-1. 事業	**(b)-2. 情報の種類**	**(b)-3. システム停止の影響など**	**(b)-4. その他の事項**
対象事業	事業：社内ネットワーク 担当責任者： 事業概要： 売上： 顧客数：	□ 個人情報 □ クレジットカード情報など □ 顧客から預かった機密情報 □ 自社の機密情報 □ 公表済みの情報 □ 特定が困難（端末・メールなど） □ その他 □ 不明		コンプライアンス 社会的影響
事業への影響	**(s)-1. 対応レベル**	**(s)-2. 状況・概要**		**(s)-3. 事業面の対応**
	□ 経営陣 □ 事業担当執行役員など □ 広報 □ 情シス □ 法務・知財 □ 人事 □ 社員全般	事件・事故やインシデントの状況や概要について記載する		□ 事業の停止 □ 事業の縮退（一部停止） □ 事業の継続 背景・状況
	(s)-4. 顧客・取引先の被害	**(s)-5. 自社の被害**	**(s)-6. 深刻度**	**(s)-7. 緊急度**
	□ 金銭的な被害 □ 詐欺行為など □ 機密情報の漏えい □ 業務停止 □ 脅迫行為 □ その他 □ なし □ 不明	□ 金銭的な被害 □ 詐欺行為など □ 機密情報の漏えい □ 業務停止 □ 脅迫行為 □ 信用の失墜 □ 社会的責任 □ その他 □ なし（軽微） □ 不明	□ S：すでに深刻な状況 □ A：深刻な影響の可能性 □ B：一定の影響がある可能性 □ C：軽微な影響の可能性 □ その他	□ S：即時対応 □ A：24時間以内の対応 □ B：3日以内の対応 □ C：1週間以内の対応 □ その他

▼表4-11 シナリオ1：ステータスレポート（続き）

顧客への影響	(i)-1. 影響の概要	(i)-2. 影響を受けるデータ量・被害者数	(i)-3. 影響を受ける被害者の特徴	(i)-4. 想定される二次被害
	影響を受ける情報・データがある場合、その概要を記載する	データ量：データ量について記載する 被害者数：影響を受ける被害者数について記載する	影響を受ける被害者を特定するために必要な特徴を記載する	情報が流出した際に、その情報の悪用により懸念される二次被害について記載する
	(c)-1. 被害の確認方法	(c)-2. 被害者のワークアラウンド	(c)-3. 被害者が実施できる対策	(r)-5. 外部の専門家
	事件・事故の影響を確認する方法を記載する	すぐに実施できる回避策、軽減策を記載する	被害を防ぐために被害者が実施できる対策を記載する	□ 公認会計士・税理士・税務署 □ 弁護士 □ 保険会社 □ 安全保障貿易情報センター □ 労働局 □ セキュリティ企業
外部への連絡・報告	(r)-1. 必須の連絡先監督官庁など	(r)-2. 取引先	(r)-3. 影響を受ける被害者	(r)-4. メディアなどの公知
	担当者： 報告先： □ 個人情報保護委員会 □ GDPR □ 監督官庁 □ 警察 □ 不要 時間的な制約：	担当者： 取引先名： □ 第一報を即時入れる □ ある程度事実関係がわかった段階で報告を入れる □ 確実な状況が把握できるまで連絡しない	担当者： □ 第一報を即時入れる □ ある程度事実関係がわかった段階で報告を入れる □ 確実な状況が把握できるまで連絡しない	担当者： □ メディア □ ホームページ □ SNSなど □ その他 影響を受けない顧客：
影響を受けるシステム	(t)-1. システムの名称・概要	(t)-2. 情報流出の懸念	(t)-3. システム停止の懸念	(t)-4. システム侵害の懸念
	影響を受けるシステムがわかるように、名称などを記載する 名称など： ビジネス面 • 責任者： 担当者： • 技術面： 責任者： 担当者：	情報流出の懸念について記載する	システム停止の懸念、必要性について記載する	システムが侵害を受け、攻撃が継続、拡大する懸念を記載する
	(t)-5. 事故の原因・要因		(t)-6. 再発防止策（具体的）	
	事件・事故の原因・要因を記載する		再発防止策について記載する	

ステータスレポートは、次のサイクルへの入力として利用し、更新を重ねていきます。イベントや対応状況によっては、記載できない項目もあるはずです。不明瞭な点は課題とし、「不明」などと記載し、次のイベントに進むようにします。

また、チェックボックスとして記載している項目は、評価内容を例示したものです。必ずしも、このリストを利用する必要はありません。

4-7　E5. インシデント報告書の作成

調査結果、対応結果をインシデント報告書としてまとめてください。報告書は、経営陣に対する報告を想定していますが、経営者向け、経営会議向け、など具体的な報告先を決めることは、内容を深めることにつながります。

インシデント報告書の作成を通じて、必要な情報が適切に共有されているか、対策内容に不備はないか、また、内容は適切であるかを検証してください。

以下に、「Annex C　シナリオの展開例」から、シナリオ1のインシデント報告書を例示します（**表4-12**）。

▼表4-12　インシデント報告書の例（経営陣向けを想定）（続く）

対応責任者		CISO　石田
事件・事故の概要		評価用セグメントに接続されている機器に対して、情報漏えいや侵入被害の可能性があった。 調査の結果、社員Bが業務用に設置したスマートフォンからの通信であることが判明。当該社員が、中古で購入した未登録の端末を初期化せずに利用していたことが原因。 セグメント内の他の端末からは疑わしい侵入検知システムイベントが検知されていないことから、端末単独の通信であり、セグメント内の機器への影響はないものと判断した。
影響を受ける事業	事業・インフラなど	セグメントを利用している事業やプロジェクト
顧客や取引先への影響	影響の概要	現段階では顧客や取引先への影響はないと判断した
	影響を受ける被害者数と特徴	同上
	想定される二次被害	同上
	ワークアラウンド	N/A
	被害者への補償	N/A
事業への影響	事業の停止・再開の予定と根拠	ネットワーク遮断などは行っていない
	事業レベルの対応 （営業停止、継続、縮退など）	特段の対応は実施していない
	財務面の影響	対応工数のみ

▼表4-12 インシデント報告書の例（経営陣向けを想定）（続き）

事件・事故の経緯	事件・事故の原因・要因 （なぜ防げなかったのか）	規程面：接続条件に不明瞭な点があった 技術面：規程違反を検知する仕組みが用意されていなかった
	実施した対処	セグメント利用者にヒアリングを行い、当該社員が利用するスマートフォンであることを確認 工場出荷時に初期化した上で再接続を許可した
	対応のタイムライン	別表として記載（**表4-13**）
	再発防止策	① 規程に関する再発防止策 • 中古端末の利用について規程を追記する • PC以外の端末も登録が必要であることを明記する • マルウェア感染端末などの事後処理を追記する ② 技術的な防止に関する再発防止策 • 規程違反端末の社内ネットワークからの排除 ③ 技術的な検知に関する再発防止策 • 侵入検知システムイベントを含めたSIEM対応の検討する • 接続端末を自動的に記録するインベントリの検討 ④ ハンドリングとコミュニケーションに関する再発防止策 • 事件・事故の調査時の手順を明確化（セキュリティ委員会への報告） ⑤ モラルと教育（啓発）に関する再発防止策 • 今回の事案を例として社員に周知 • 社内トレーニングでも取り入れ ⑥ 契約などに関する再発防止策 • 契約上の問題はなかった
責任関係	関係者の処分など	当該社員への注意と、再発防止策を指示するにとどめた
対応の評価		情報セキュリティ委員会への報告が事後になった。 事前のエスカレーションが必要

▼表4-13 対応のタイムラインの例

日	時刻	担当者	
2022年4月10日	14:00頃	CISO石田	別件で侵入検知システムのログを調べている中で、社内の特定IPが社外と疑わしい通信を行っていることを確認 イベントは4か月ほど前から記録されていた
	15:00頃	情シス	IPアドレスから、以下の内容を分析 • MACアドレス • 接続セグメント（評価用セグメント） • WiFiを利用している可能性が高い
	16:00頃	CSIRT	nmapを実施し、Android端末の可能性が高いことを確認
	17:00頃	CISO石田	侵入検知システムのログから、同一セグメント内の他の端末からは疑わしいイベントが記録されていないことを確認 緊急度を一段下げることを判断
2020年4月11日	11:00頃	CISO石田	セグメント利用者にヒアリングを実施 社員が、実験用器材として設置した中古のスマートフォンが該当端末であることを確認 ネットワークから切断し、工場出荷時にリセットを指示
	13:00頃	CISO石田	侵入検知システムのログに当該イベントが記録されないことを確認
	15:00頃	CISO石田	経緯と対応について、セキュリティ委員会、経営陣に報告

TIPs for CISO

成功要因としてのセキュリティ

CISO-PRACTSIEは、損害を軽減するという視点でまとめていますが、セキュリティ対策は、損害の軽減だけではなく、事業への貢献としての側面もあります。この考え方は、『CISOハンドブック』の「第4章　情報セキュリティの指標化」としてまとめています。この中で取り上げているBSC（Balanced Score Card）は、事業計画を理解しセキュリティがどのように事業に貢献するかを考察する有効なツールです。

一般に、事業計画は数字と文面で記載されます。この形式に馴染みのある方も多いとは思いますが、筆者は数字と文面よりは、図式化・グラフ化した方が理解できる傾向があります。システム設計やプロジェクト管理で、フローチャートやダイアグラムを使って考えてきたことが根底にあるのかもしれません。

BSCは、事業計画を、「財務の視点」「顧客の視点」「内部の視点」「学習の視点」に分解し、表としてまとめたものを、戦略マップを使って各戦略項目の関係を明らかにします。**図4-5**は、BSCを使って成功要因としての情報セキュリティを分析したものです。この例では、一般的な事業戦略目標に対して、セキュリティがどのように貢献できるかを考察しています。

事業計画をBSCに展開することで、事業計画の理解を深めることができるだけではなく、事業計画に対するセキュリティ対策の貢献についてディスカッションするためのツールとして利用することが期待できます。

▼図4-5　BSCを使った成功要因としての情報セキュリティの分析

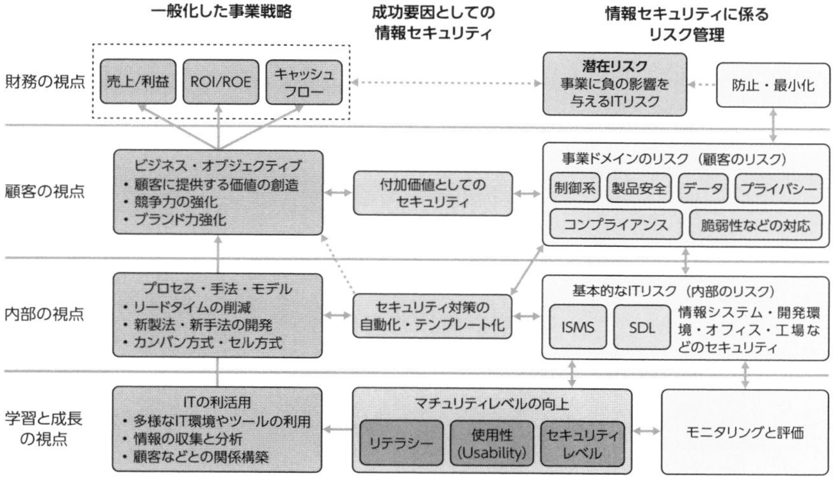

TIPs for Management

事業計画と思いを共有する

セキュリティ事件・事故が起きたときに、経営者が状況を判断するために必要な情報や、選択可能な対処を「E4. ステータスレポート」と「E5. インシデント報告書」に集約したつもりです。経営者にとって十分な情報でしょうか。もし、不足している点があれば、CISOやセキュリティ担当者を交えて、どのような情報が必要なのか伝えてください。その際に、事業の肝はどこにあるのか、どういう観点で事件・事故を評価するのか、公表する際の文脈はどうあるべきか、なども併せて伝えていただけると、より価値のある情報になると思います。

筆者の実感ですが、数字の扱いに慣れている方は、数字を見れば戦略や計画が見えるようです。経営に携わる方には普通のことかもしれませんが、一般的には特殊能力の部類に入ります。経営や財務の数字に慣れていない人間にとっては、上記BSCやリーンキャンバスなど、直感的で構造的な手法が理解を助ける一助になります。これらの手法を交えることで、技術系の社員との経営や事業に対する議論が進みやすくなると思います。

事業をマネジメントする才能に恵まれたCISOは稀だと思いますが、戦略や計画に対するCISOの理解が進めば、より質の高い事業プロセスが構築できると考えます。

参照

- ロバート・S・キャプラン（著）、デビッド・P・ノートン（著）、櫻井 通晴（翻訳）『キャプランとノートンの戦略バランスト・スコアカード』東洋経済社（2001）、ISBN-13：978-4492554326
- アッシュ・マウリャ（著）、角 征典（翻訳）『Running LEAN 実践リーンスタートアップ』オライリージャパン（2012）、ISBN 978-4-87311-591-7

第5章

[Statement]

机上演習：事件・事故の公表および報告

事件・事故の公表についての方針、外部関係者への報告方法・報告内容を取りまとめ、模擬的な記者会見などを行うことで、外部視点から事件・事故の対応を評価します。

- 公表の必要性を判断し公表内容を取りまとめる
- 模擬的に記者会見を行う
- 模擬的にホームページでの告知を行う
- 模擬的に監督官庁、取引先、顧客の対応を行う

シナリオに基づく事件・事故の対応を検証するため、模擬的な記者会見を行います。併せて、4-5節の「④E3-c. イベントへの対応・対処」の「iv. 外部の関係者」でまとめた、事件・事故が起きた際の届出先や報告先への対応を検討します（**図5-1**）。

▼図5-1　CISO-PRACTSIEの構成概要（S. 公表と報告）

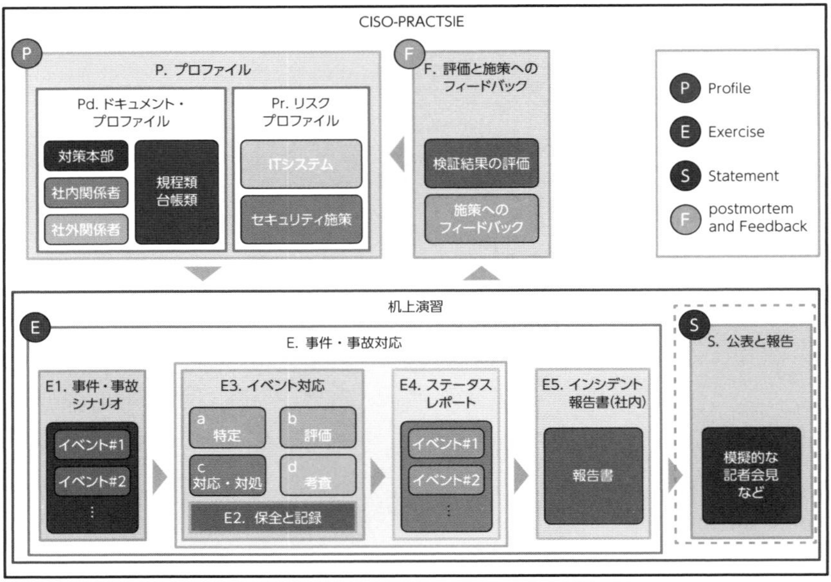

この作業を通じて、参加者が対応を振り返り、当事者と世間との隔たりを実感することを期待しています。加えて、事件・事故が起きた際の当事者であることを自

覚し、日ごろから事件・事故を防ぐことに努める当事者であるとの認識も求めていきます。

5-1 事件・事故の公表準備

セキュリティ事件・事故の公表を判断するポイント、公表内容、記者会見を行うにあたっての留意点を記載します。

①公表の必要性を判断する

セキュリティ事件・事故が起きた場合には、迅速な公表が求められますが、一方で、公表により被害が拡大する可能性も考慮する必要があります。事件・事故の公表や記者会見が求められるケースと、公表のタイミングや内容に考慮が必要なケースを以下に例示します。

- 公表と記者意見が必要と考えられるケース[注1]
  - 被害者の財産、身体などに影響がある
  - 被害者が特定できないか、多数に及ぶため個別の連絡が難しい
  - 事業や顧客への深刻な影響がある
  - 危機の継続や二次被害の可能性がある
  - 顧客や行政への報告義務や道義的な責任がある
  - 誤った風評が流れている
  - すでに報道されているか、複数のメディアから取材申し込みがある
  - 経営幹部や組織ぐるみの違法行為がある

公表のタイミングや公表内容についての配慮が必要なケース（JPCERT/CC[注2]などを参考に作成）は以下のとおりです。

- 被害者に直接連絡が可能な状況
  - すべての被害者に直接連絡が取れ、対応ができる場合、必ずしも公表を行う必要はない

注1　NECネクサソリューションズ（不明）（https://www.nec-nexs.com/bizsupli/useful/close_up/14.html）
注2　JPCERT/CC（2020）、サイバー攻撃被害情報の共有と公表のあり方について（公開版）（https://www.soumu.go.jp/main_content/000762951.pdf）

- 利害関係者への通知が済んでいない状況
  - 取引先に二次的な被害が及ぶ可能性がある場合は、取引先の対応や準備が済むまで公表を控えることが望ましい場合がある
- 公表により被害が拡大・深刻化する可能性がある状況
  - インターネットに機密情報や機微情報が流出した際に、公表により認知が広まり、削除などの対応が難しくなる可能性がある。削除要求などの対策が済んだ上で公表することが望ましい場合がある
- 公表が新たな被害につながる可能性がある状況
  - 認証をバイパスする攻撃で決済システムが悪用された場合、情報を公表することで、新たな被害を招く可能性がある
- 取引先や被害者（企業）の株価などへの影響が懸念される状況
  - 事件・事故の内容によっては、取引先の株価に影響を与える可能性がある。証券取引所の営業時間などに配慮が必要なケースも考えられる

公表が必要と判断した場合、公表の目的や狙いを明確にしてください。この点が不明確なままで公表してしまうと、事態が悪化することはあっても好転することはありません。

公表を行うにあたっては、以下の点に留意します。

- 公表を行う際の留意点[注1]
  - 社会は何を知りたがっているのか
  - 社会は何を問題視しているのか
  - 早期解決に向けた姿勢を示しているか
  - メディアに対し理解や協力を求める姿勢を示しているか
  - 自社は説明責任を果たしているか
  - 自社は社会的責任を果たしているか
  - 法令遵守は当たり前、倫理観のある姿勢を示しているか
  - スピード、透明性、公平性のある情報開示になっているか
  - 言うべきこと、訴えるべきことは何か
  - 情報を小出しにせず、一気に開示しているか
  - 言えること、言えないことの整理はできているか
  - 再発防止策について示しているか

②公表内容を取りまとめる

事件・事故を公表するにあたっては、上記の留意点に加えて「誰に伝えたいのか」「透明性を担保できるか」について考慮します。これらの視点から情報を整理し、「ポジションペーパー（公式見解）」を作成し、ポジションペーパーに基づいて、「ステートメント（声明）」「概要説明資料」「Q&A集」を作成します。

これらの資料を作成することで、参加者の共通認識を明確にし、説明や発言が二転三転することなく、事実の隠蔽や説明の矛盾と取られることがないようにします。

- ポジションペーパー（公式見解）
  事件事故に対する組織の公式見解
- ステートメント（声明）
  公表や記者会見の冒頭で述べる事件・事故についての問題意識、見解、方針などを記載した簡潔な内容
- 概要説明資料
  事件・事故の概要を取りまとめた資料
  概要説明資料に記載する項目を**表 5-1** に例示します。
- Q&A 集
  想定される質問と、質問に対する回答をまとめた資料
  実際の記者会見では必須の資料です。ホームページなどで公表する場合も、具体的な項目は、本文に記載するよりも Q&A 集に記載した方がわかりやすい場合があります。Q&A 集の作成を通じて、公表する内容、公表できない内容を明確にし、関係者が統一見解を持つようにしてください。資料[注3]では、推定まで踏み込んで公表をした例、事実関係が不明でも説明責任を求められた例、敵に有利な情報を与えない対応の例、などが記載されています。

▼表 5-1　概要説明資料の項目例（表 1-1 の再掲）

項目	
影響を受ける事業	事業の概要
顧客や取引先への影響	影響や被害の概要
	影響を受ける被害者数と特徴
	想定される二次被害
	ワークアラウンド（被害の軽減策）
	被害者への補償
事業への影響	事業の停止・再開の予定と根拠
	事業レベルの対応（営業停止、継続、縮退など）
事件・事故の経緯	事件・事故の原因・要因（なぜ防げなかったのか）
	対応のタイムライン（経営者が認識したタイミングを含む）
再発防止策	再発防止策の内容と実施時期
責任関係	関係者の処分など

注3　石川 慶子、公共コミュニケーション研究（2018）、事件事故対応の事例からクライシス・コミュニケーションの役割を改めて考える（https://www.jstage.jst.go.jp/article/pras/3/1/3_18/_pdf/-char/ja）

5-2 模擬的な記者会見の計画

模擬的な記者会見を計画し、実施します。自分たちは十分と考えていた内容が、世間にとっては勝手な言い分であり、まったく理解されない場合があります。模擬的な記者会見を行うことで、このギャップを明らかにし、当事者としての自覚を促します。

模擬的な記者会見は、7-2節の「Workshop-7　S. 模擬的な記者会見」、「Annex H　記者会見を開催する上での留意点」を参考に計画してください。また、模擬的な記者会見で明らかになった課題は、「第6章　[Feedback] 評価と改善計画の策定（ポストモーテム）」に組み込むことを忘れないようにしてください。

①スポークスパーソンと司会役

記者会見を行う場合、まず、誰をスポークスパーソンとするかを決める必要があります。事件・事故の規模や内容にもよりますが、企業が真摯に向き合っていることを示す意味でも、社長、専務、常務などに相当する経営者をスポークスパーソンとすることが望まれます。

司会役は、メディアなどの対応に長けており、外部視点を持つ広報が担当することが一般的です。

②記者役と質問内容

模擬記者会見では、可能であれば本物の記者を質問役として招待してください。報道のプロの目に、自分たちの発表がどのように映るかを確認する良い機会となります。社内で対応する場合は、ITやセキュリティとは関係のない方も記者役に加えてください。当事者と異なる視点、異なる常識と知識から、公表内容を確認することができます。

質問については、問題を認識していたのに対策を見送ったのではないか、必要な人員を割り当てていないのではないか、システムの理解が不足しているのではないかなど、事業やガバナンスの視点からの質問も入れるようにします。

5-3 その他の模擬的な対応

①ホームページでの告知

セキュリティ事件・事故が起きた場合は、ホームページ（Web）で公表することが一般的です。

掲載する内容は、ステートメントにまとめた内容が基本となります。また、トップページに公表内容の入り口を用意し、容易に事件・事故を知ることができることも重要です。トップページを避けた公表は、企業が責任から逃げているとの印象を与えかねません[注3]。

②監督官庁などへの報告・届出

「E3-c. イベントの対応・対処」の「iv. 外部の関係者」で検討した報告先に対する報告窓口、報告方法、報告内容を確認します。報告窓口、報告方法、報告内容についても確認しておきます。

報告例については、「個人情報保護委員会への届出[注4]」を参照ください。

このページでは、報告が義務付けられているケースと、報告方法について記載されています。また、報告例として、委託先事例、不正アクセス事例、要配慮個人情報事例、誤送付事例などが掲載されています。

他にも、研修用の動画や、ヒヤリハットの事例など参考になる情報が多数掲載されています。事件・事故が起きる前に内容を読み込んでおきたい資料です。

③影響を受ける取引先への報告

影響を受ける取引先に対しては、できる限り迅速に正確な情報を伝える必要があります。また、電話や対面で報告を行う場合でも、担当窓口への連絡が正確に伝わるように、書面での報告を添えるようにしてください（JPCERT/CC[注2]を参考に本書が作成）。

- 時期を逃さない
  - 事件・事故を公表する前に、影響のある取引先への報告を行う必要がある。公表が先になってしまうと、取引先が対応に窮することが考えられる。特に、二次被害の可能性がある場合は、この点に配慮する

注4　個人情報保護委員会（2022）、漏えい等の対応とお役立ち資料（https://www.ppc.go.jp/personalinfo/legal/leakAction/）

- 正確な情報を伝えるためには時間が必要。確認できている点、不明な点、今後の可能性を明確にする
- 根拠に基づいた報告をする
  - 影響を受ける取引先は、何らかの対応を迫られる。報告の内容が二転三転すると、適切な対応が行われず、取引先が信用を失うことにつながる
  - 机上演習でまとめたように、根拠に基づいた、できる限り正確な報告を行う
- 責任から逃げない
  - 「Annex H　記者会見を開催する上での留意点」で記載している失言例は、取引先への報告でも失言につながる
  - 責任の回避、楽観的な予測、倫理的な問題と取られる報告は避ける
  - 損害への補償は、慎重に発言する。「どうしてくれるんだ」と問われることも考えられるが、できない約束は、さらに事態を悪くする

④影響を受ける顧客への連絡

影響を受ける顧客（エンドユーザーなど）への謝罪は、直接的な連絡が基本ですが、被害者が多数に及ぶ場合や、被害者の特定が難しい場合は、公表を中心とした通知・連絡を行い、コールセンターなどの連絡窓口を用意します。なお、コールセンターの運用は、相当の費用がかかります。また、通常のコールセンター業務と異なり、苦情やクレームが大半を占めるため、コールセンター用のQ&A集[注5]の作成が不可欠であり、オペレーターのメンタル面のケアにも配慮が必要です。

⑤株主や関係先への報告

株主や社外取締役、親会社やグループ会社などの対応も確認してください。子会社の場合であれば、親会社への報告が必要です。親会社やグループ会社の株価への影響なども配慮する必要があります。

また、CISO支援ワーキンググループの議論では、最も連絡を忘れられやすい関係者として社外取締役が挙がりました。株主や外部取締役についても、報告すべき内容と報告の方法について確認するようにしてください。

⑥その他の連絡先・報告先

他にも必要な届出先、報告先、連絡先があると思います。自社の状況を確認し、必要な連絡先を明記するようにしてください。

注5　適切な情報開示は、コールセンターの問い合わせを減らすことにつながります。

5-4 事件・事故発生時の対応事例

経済産業省の「個人情報の適正な保護に関する取組実践事例調査」の「8. 個人情報に関する事故（漏えい・き損等）発生の場面」に、セキュリティ事件・事故の対応事例が紹介されています。具体的な事例が記載されており、公表内容などを検討する際の参考にしていただけると思います。

参照

- 「個人情報の適正な保護に関する取組実践事例調査」（https://www.meti.go.jp/policy/it_policy/privacy/1-1.pdf）
- 個人情報に関する事故（漏えい・き損等）発生の場面（https://www.meti.go.jp/policy/it_policy/privacy/1-2-8.pdf）

Column

個人的な思い出とJNSA CERC

2015年に中東で2人の日本人が過激派組織に拘束され、身代金と死刑囚の釈放が求められる事件がありました。最終的に2人の日本人は殺害され、SNSを通じて映像が公開されたことから大きな話題となりました。

この事件後のある日、知人と食事をしていると携帯に電話がかかってきました。電話は、「Webに中東の日本人学校の住所が掲載されており、この情報を使って子供たちが襲撃される可能性がある。Webの情報は削除できたが、検索エンジンに情報が残っているので、これを消せないか」、という相談でした。

当時も、脆弱性やマルウェアについての緊急対応体制はあったのですが、コンテンツに対する緊急対応体制はありませんでした。とても厄介な相談でしたが、筆者が断ったことで日本人学校が襲撃をされたのでは悔やみきれません。食事もそこそこに電話連絡を始め、筆者が所属していたマイクロソフト社については担当者に対応を依頼し、他の主要な検索エンジンプロバイダーには面識のある方を通じて対応を依頼した結果、1～2時間で対応していただくことができました。

無事にミッションコンプリートとなったのですが、レストランには二度と来るなと半ば怒鳴られ、知人は途中で帰ってしまうなど散々な夜となりました。事情を話すことも考えましたが、詳細を話すことが適切は思えず、また、話したところで理解を得ることは難しいだろうと考えました。

このときの経験で、セキュリティの周辺には、脆弱性ハンドリングでは対応できない事案があり、個人が責任を背負うには重すぎる場合がある、と考えるようになりました。同様の事案が起きた場合には、誰かが個人で対応するのではなく、チームとして対応する必要があると考え、JNSA CERCという仕組みを立ち上げました。狙いは単純で、公的な組織や企業単独では対応ができない事案が起きた際に、JNSAの幅広い会員企業で連絡を取りながら、対応策、解決策を見つけていこうというものです。

設立からすでに7年になりますが、幸いにもJNSA CERCが役に立ったことはありません。もはや状況は変わっているため、このままJNSA CERCが活躍する機会はないかもしれませんが、それもよいと考えています。

参照

- ITmedia (2015)、ゆるやかなコラボレーション目指す「JNSA-CERC」設立へ：ベンダーやSIer視点のセキュリティ情報窓口を (https://atmarkit.itmedia.co.jp/ait/articles/1506/25/news015.html)
- NPO日本ネットワークセキュリティ協会　社会活動部会 (https://www.jnsa.org/active/2021/act.html)

TIPs for CISO

時代に寄り添うセキュリティ

これまでに述べてきたように、セキュリティは経営レベルの問題であり、事件・事故を起こさないように経営レベルの対策が必要です。しかし、セキュリティ対策は事業の目的ではありません。十分なセキュリティ対策を実施できたとしても、会社が潰れてしまうようでは適切な対策ではありません。

セキュリティと利便性はトレードオフだという議論もよく耳にしますが、どこか論点が違っているように思います。チェックリストを起点としたセキュリティ対策では、対策項目を実施するか、実施しないかの判断になりがちなので、このような議論になるのかもしれません。

たとえば、Annex Cのシナリオ2では、HDDへのバックアップが問題点として挙げられています。対策として、USBの制御が議論されていますが、正規のオンラインストレージを用意することで、新しいPCに変えた場合でも、オンラインストレージ上のドキュメントをそのまま使うことができるため、そもそもバックアップの必要がなくなります。また、Windowsであれば、グループポリシーやMDMで、ボリュームレベルの暗号化 (BitLocker) を強制することもできます。問題となったHDDは個人宅で利用していた私物であることから、対象とすることは難しい面がありますが、仮にBitLockerで暗号化されていたとすれば、フォーマットが不十分でも、データを復元されることはなかったと思います。私用のPCやHDDについても、BitLockerを有効にすることを推奨し、教育を通じて啓発することも必要です。

メールの誤送信も議論が難しいテーマの1つで、デジタル庁でも話題になったPPAPが典型的な議論です。PPAPは情報の保護はほとんど期待できない上に、受信者の利便性を著しく損ないます。よく使われる対策なのに、効果が期待できない対策の代表例と言えます。

誤送信を防ぐために、上司にCCを入れ、上司の確認が取れたメールだけ送信するといったルールも有効性が疑わしい対策です。「上司が確認したにもかかわらず誤送信が起きたので、上司の上司も確認をするようにした」という笑い話も漏れ聞きます。多少は誤送信を防げるかもしれませんが、そもそも何のために業務の権限を移譲しているのかわかりませんし、上司は実施すべき本来の業務ができなくなるはずです。

PPAPの問題については、単に誤送信の問題として考えるだけではなく、コミュニケーションの形態について再考する必要があると考えています[注6]。

セキュリティ担当者は、セキュリティについての知識は豊富かもしれませんが、必ずしもIT技術動向に詳しいとは限りません。セキュリティ業務の基盤を、実績のある規準に置いている方も多いと思いますが、実績のある規準ということは、数年前の技術を前提としたものかもしれません。

余談ですが、1983年に米国NCSCが発行したオレンジブック[注7]に対して、オレンジブックに載っている製品は古過ぎて手に入らないと言われていました（オレンジブックは2005年にコモンクライテリア、ISO/IEC 15408へと発展しています）。

オレンジブックはともかくとして、セキュリティに携わっていると、許可されたデバイスやサービスでなければ、面白そうでも利用を躊躇してしまいます。これを続けていると、世の中や社員が利用しているIT環境と、セキュリティ担当者が前提としているIT環境が大きく乖離してしまい、セキュリティ対策上のギャップを生んでしまいます。

セキュリティ担当者は、ご自身の知識を活かして安全を確認しながら、新しいIT技術を取り入れる努力を続けることが必要だと考えています。

注6　高橋正和、JNSA（2021）、PPAP問題からインターネット・コミュニケーションを再考する（https://www.jnsa.org/secshindan/secshindan_32.html）

注7　Wikipedia（2022）、Trusted Computer System Evaluation Criteria（https://en.wikipedia.org/wiki/Trusted_Computer_System_Evaluation_Criteria）

TIPs for Management

決断を迫られる、その前に

具体的なシナリオの例は、Annex Cで2つのシナリオを取り上げています。シナリオ1は、技術の問題に閉じている面がありますが、シナリオ2は、いつ経営者が直面しても不思議のないシナリオです。加えて、個人情報保護法の改正や、GDPRなどの各国の法制度への対応など、会社として対応が求められることが増えています。ぜひ、ご参照ください。

シナリオでは取り上げませんでしたが、冒頭でfreee社のランサムウェア対応訓練をご紹介したように、国内でもランサムウェアの被害が数多く報道されています。ランサムウェアの攻撃を受けた際には、経営者は身代金を支払うか、支払わないかの決断を迫られることになります。ランサムウェアについては、第2章でも紹介をしており、海外のレポートと日本の事例を追記していますので、併せてご参照ください。

第6章

[Feedback]
評価と改善計画の策定（ポストモーテム）

ここまでの作業を通じて、評価すべき成果を明らかにし、課題に対する改善計画を通じて、会社として取り組む仕掛けを作るようにします。

- 成果を確認し、評価の高い取り組みの定着と発展を図る
- 再発防止策から改善計画を策定する
- 計画の実施状況を追跡する

CISO-PRACTSIEの目的は、机上演習を通じて明らかになった課題を改善することにあります。往々にして演習を行うことで満足しがちですが、演習は現状の改善につながらなければ意味がありません（**図6-1**）。

▼図6-1　CISO-PRACTSIEの構成概要（F. 評価と改善策の策定）

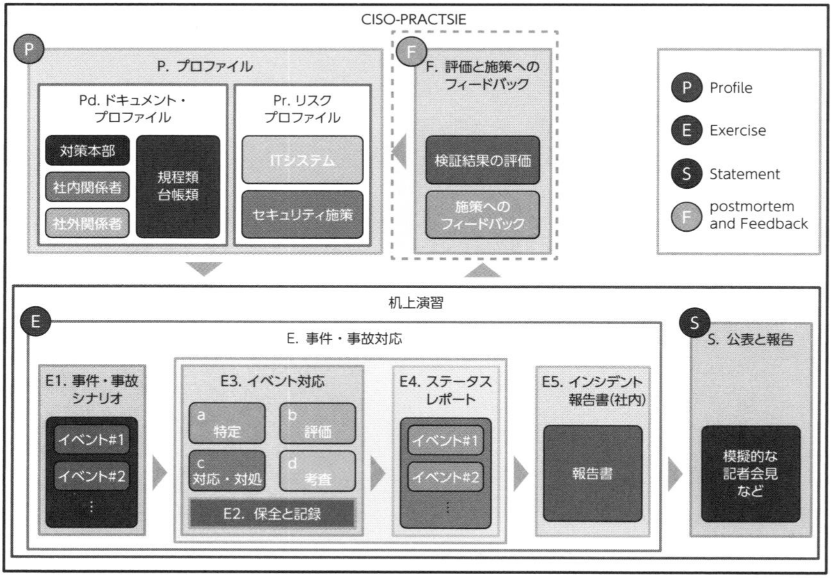

再発防止策は、技術的または現場的な再発防止策だけではなく、経営や事業のレベルの改善計画として策定する必要があります（**図6-2**）。4-5節の「②E3-a2. 原因・要因の特定」の「i. 技術視点の原因・要因の特定：根拠の確認」だけではなく、「ii. 事業視点の原因・要因の特定」についても、取り組むようにしてください。

参照（CISOハンドブック）

再発防止策を検討する際には、『CISOハンドブック』の「第5章　モニタリングと評価手法」「第7章　情報セキュリティアーキテクチャ」「第6章　情報セキュリティ監査」「第11章　製品選定とベンダー選定」などを参照してください。

▼図6-2　事件・事故の因果関係：イベント・原因・要因・背景・課題（図4-2再掲）

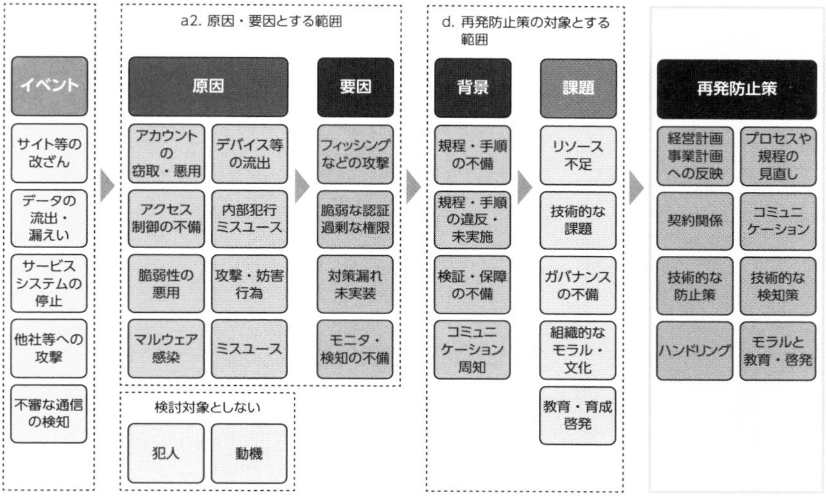

6-1　成果を確認する

まずは、ここまでに実施した作業を通じて明らかになった「評価すべき項目」を取り上げてください。

たとえば、思ったよりも資料がしっかりしていた、参加者の専門知識を改めて認識した、不明瞭だった手順を具体化することができた、直近の課題が明らかになった、経営陣の考えが理解できた、はじめて経営者と話ができた、などの感想があれば、これを手掛かりとしてください。

6-2　再発防止策から改善計画を策定する

CISO-PRACTSIEで作成した、背景・課題・再発防止策などに基づいて、改善計画を策定してください。改善計画は、単に再発防止策を実施計画に移すだけではなく、全社的な改善計画として展開する必要があります。技術的な計画に限らず、事業の推進体制や、組織のガバナンスに及ぶかもしれません。短期的な改善計画だけではなく、中長期的な改善計画を取りまとめ、優先順位を付けて実施計画に落とし込んでください。

6-3 計画の実施状況を追跡する

策定した改善計画は、定期的に進捗を確認してください。それぞれが担当する改善計画は、個別に管理をすればよいのですが、演習の参加者が相互に確認できるように、定期的に進捗状況を確認し、必要に応じて計画の見直しや、さらなる改善を行うようにしてください。

6-4 コミュニケーションチャネルを維持する

CISO-PRACTSIEで構築したコミュニケーションチャネルを活用し、維持するようにしてください。

せっかく構築したコミュニケーションチャネルも、しばらく使わないと機能しないようになります。定期的なトリガーを設けて、コミュニケーションを保つ必要があります。四半期などのビジネスのタイミングを使うこともよいですし、世間で話題になるような事件・事故を題材にすることもよいと思います。日常的にインシデントハンドリングの手順に沿って、情報が流通し、判断が行われ、レポートが残る運用を構築できれば理想的です。

Small Tips

Black Tuesday（暗黒の火曜日）

マイクロソフト社ではMicrosoft Update/Windows Updateを通じて、製品のセキュリティ更新を定期的に行っています。当初は製品ごとに個別対応していたのですが、1998年に一本化しました。しかし、2003年のCodeRedワームを通じて、更新作業の予定が組めない点に課題があることがわかりました。このため、毎週火曜日（米国時間）にセキュリティ更新を公表することとし、さらに企業の担当者からの毎週は辛いとの声を受け、月に一度の更新へと変更されました。この例のように、不定期なイベントを、定期的で予測可能なイベントに変えていくことも、コミュニケーションチャネルを維持するために効果的な取り組みです。

第7章

[Workshop] CISO-PRACTSIE ワークショップの開催

CISO-PRACTSIEをワークショップとして展開します。できる限り、経営陣を始めとした社内の関係者の参加が得られるように努めてください。

ワークショップは以下の点に注意して計画します。

- 参加者の時間を有効に使うためにフェーズに分けて実施する
- ステータスレポートをベースに参加者と作業を進める
  - 判断を行うための根拠は十分か、不足しているものは何か
  - 誰が判断をすべきか
  - 判断の内容は適切か、修正するとすればどこか
  - 再発防止策は適切か
- ワークショップの成果を評価し、課題を改善計画につなげる

この章ではCISO-PRACTSIEを社内にワークショップとして展開する際の、構成や手順について整理します。ワークショップには、それなりに時間が必要です。限られた時間の中で成果が出るように構成する必要があります。ワークショップは、技術的で単純なシナリオからはじめ、徐々に高度で専門性の高いシナリオ、事業視点での判断が必要なシナリオを扱うように構成してください。

一般に、演習は対処能力を確認することを目的としますが、CISO-PRACTSIEは、必要な資料がそろっていること、根拠と権限に基づいた判断ができること、改善が必要な項目を明らかにすることを目的としています。このため、できないこと、欠けていることが明らかになった場合には、これを成果ととらえてください。不具合を報告した人に賞金を与えるバグバウンティと呼ばれる取り組みがありますが、同じように課題を見つけた参加者に、何らかの栄誉を与えることも効果的かもしれません。

7-1 ワークショップへの取り組み方：HARDENING宣言

ワークショップを漫然と開催しただけでは、十分な成果にはつながりません。取り組む上での基本的な構えを作る必要があります。

HARDENINGプロジェクトの「HARDNING宣言」[注1]は、CISO支援ワーキンググ

注1　ハードニングプロジェクト（2020）、HARDENING宣言（https://wasforum.jp/2020/01/hardening-manifesto/）

ループのメンバーも参加している取り組みで、仮想ECサイトを使った実践的なCTFを開催しています。HARDENINGプロジェクトは、筆者も共感する点が多く、中でも「HARDENING宣言」は、CISO-PRACTSIEを実施する上でも基本的な構えになると考えています。

HARDENING宣言

1. 私たちの挑戦は、現場で本当に起きている脅威と向き合うことである。
2. それは、強固な計画よりも柔軟な変化を必要とする。
3. それは、役割分担よりも連携と協働を必要とする。
4. それは、隠蔽しようとする誘惑、単純化しようとする誘惑、そして転嫁しようとする誘惑に抵抗することである。
5. それは、現状よりも目的を、知識よりも経験を、コンテンツよりもコンテキストを、そしてアイテムよりもストーリーを重視することである。
6. これによってはじめて、異なる視点、異なる意欲、異なる役割、異なる手段をもつ仲間を獲得し、困難に立ち向かうことができる。
7. 私たちの挑戦は、この志と企てを共有し、前進することである。

7-2 ワークショップの推進体制

ワークショップを実施するためには、まずは事務局を立ち上げる必要があります。その上で、推進メンバーを集めて実施計画を練ってください（**表7-1**）。

▼表7-1　基本的な推進メンバーの構成

部門など	メンバー
事務局	責任者：CISO　氏名 メンバー：CSIRT（氏名1、氏名2…）
情シス	責任者：CIO　氏名 メンバー：（氏名1、氏名2…） CISO-PRACTSIE参加者：（氏名1、氏名2…）
広報	責任者：氏名 メンバー：（氏名1、氏名2…） CISO-PRACTSIE参加者：（氏名1、氏名2…）
法務	責任者：氏名 メンバー：（氏名1、氏名2…） CISO-PRACTSIE参加者：（氏名1、氏名2…）
対象となる事業部門など	事業責任者：氏名 事業担当者：（氏名1、氏名2…） CISO-PRACTSIE参加者：（氏名1、氏名2…）
経営陣	CEO COO CISO-PRACTSIE参加者：（氏名1、氏名2…）

7-3 ワークショップの基本的な流れ

机上演習は、思ったよりも時間がかかり、技術的な要素やコンプライアンスの確認にも時間が必要です。加えて、経営陣を長時間拘束することは難しく、事業責任者や担当者を拘束しながら技術的な検討を行うことは得策ではありません。このため、段階を踏んで、徐々に関係者を増やしながら、ステータスレポートをまとめることを繰り返しながら進めていきます（**図7-1**）。

▼図7-1 ワークショップの構成と参加者

<table>
<tr><th rowspan="3"></th><th colspan="2">P. プロファイル</th><th colspan="8">E. 机上演習</th><th rowspan="3">S. 公表</th><th rowspan="3">F. フィードバック</th></tr>
<tr><th rowspan="2">Pd. 規定類</th><th rowspan="2">Pr. リスク</th><th rowspan="2">E1. シナリオ</th><th rowspan="2">E2. 記録</th><th colspan="4">E3. イベント対応</th><th rowspan="2">E4. ステータスレポート</th><th rowspan="2">E5. 報告書</th></tr>
<tr><th>a. 特定</th><th>b. 対応</th><th>c. 評価</th><th>d. 考査</th></tr>
<tr><td>Workshop-1</td><td>事務局等</td><td></td><td></td><td></td><td></td><td></td><td></td><td></td><td></td><td></td><td></td><td></td></tr>
<tr><td>Workshop-2</td><td></td><td>事務局等（事業担当者）</td><td></td><td></td><td></td><td></td><td></td><td></td><td></td><td></td><td></td><td></td></tr>
<tr><td>Workshop-3</td><td></td><td></td><td>事務局等（事業担当者）</td><td></td><td></td><td></td><td></td><td></td><td></td><td></td><td></td><td></td></tr>
<tr><td>Workshop-4</td><td></td><td></td><td colspan="8">事務局等（関連部門等）</td><td></td><td></td></tr>
<tr><td>Workshop-5</td><td></td><td></td><td></td><td></td><td></td><td></td><td colspan="2">事務局等
関連部門等</td><td></td><td></td><td></td><td></td></tr>
<tr><td>Workshop-6</td><td></td><td></td><td colspan="8">事務局等・経営陣・関連部門等</td><td></td><td></td></tr>
<tr><td>Workshop-7</td><td></td><td></td><td></td><td></td><td></td><td></td><td></td><td></td><td></td><td></td><td rowspan="2">事務局等
経営陣
関連部門等</td><td></td></tr>
<tr><td>Workshop-8</td><td></td><td></td><td></td><td></td><td></td><td></td><td></td><td></td><td></td><td></td><td></td></tr>
<tr><td>Workshop-9</td><td></td><td></td><td></td><td></td><td></td><td></td><td></td><td></td><td></td><td></td><td></td><td rowspan="2">事務局等
経営陣
関連部門等</td></tr>
<tr><td>Workshop-10</td><td></td><td></td><td></td><td></td><td></td><td></td><td></td><td></td><td></td><td></td><td></td></tr>
</table>

最終的には、報告内容を取りまとめ、模擬的な記者会見を通じて、経営陣を始めとした、関係者に認識の齟齬がないことを確認します。

良いシナリオを作って、必要なメンバーを集めれば、良いワークショップになりそうなものですが、しっかりした進行を練らないとうまくいきません。机上演習とはいえ、貴重で単価の高いメンバーを巻き込むのですから、成果が見えるワークショップとなるように計画を立ててください。

Workshop-1 Pd. ドキュメント・プロファイル

規程類や現状の対策状況を収集し、机上演習を実施するために必要とされる基本的な情報を整理します。

- 参加者：事務局（CISOを含みます）、情シスなど
- 作業：規程類やネットワーク図、その他の情報を収集し整理する
- ゴール：関係する規程や資料を収集し整理する

第3章で述べている規程類や技術資料を収集し整理します。適切な資料がそろっていることが望ましいのですが、用意できない場合は、用意できないこと自体が現状です。現状からワークショップを始めてください。

規程類や技術資料の具体的な内容については、「Annex D　仮想企業を使った実習例」を参照してください。

Workshop-2 Pr. リスク・プロファイル

事業とシステムのリスクをプロファイルします。すでに作成されているものがあれば、これを利用し、不足している場合は、3-2節「事業とシステムのリスク・プロファイル」を参考に、リスク・プロファイルを実施してください。

- 参加者：事務局、情シス、事業担当者など
- 作業：事業とシステムのリスク評価結果を収集・整理し、不足している場合はリスク・プロファイルを実施する
- ゴール：対象事業のリスク・プロファイルを収集・整理、または作成する

まず、事業視点でのリスク・プロファイルに取り組み、次にシステムレベルのリスク・プロファイルに取り組みます。事業担当者が参加している場合は事業担当者を交えてプロファイルを行ってください。

リスク・プロファイルは、机上演習の基盤ですが、用意できないかもしれません。

この場合も、リスク・プロファイルを用意できない状況を知見とします。

「Annex D 仮想企業を使った実習例」では、企業のホームページと、ゲームサイトを例に、リスク・プロファイルを例示しています。

Workshop-3 E1. シナリオの作成

机上演習を実施する事件・事故のシナリオを作成し、机上演習で利用するイベントを構成します。

- 参加者：事務局、情シス、事業担当者など
- 作業：シナリオの候補をリスト化し、机上演習の対象とするシナリオを作成し、イベントを構成する
- ゴール：複数の事件・事故シナリオを作成する

技術的な検証で済む単純なシナリオから始めます。より深堀をしたい場合は、ランサムウェア、標的型攻撃（APT）などを想定したシナリオを用意します。情報漏えいについては、端末の紛失・盗難、Webサイトからの漏えい、内部犯行などが良いシナリオになります。GDPRや、改正された個人情報保護法への対応について盛り込むことも効果的です。

外部向けのサービスを展開している場合、該当するサービスで想定されるシナリオを用意することで、事業視点からの検証を行うことができます。

Workshop-3a セキュリティ事件・事故シナリオ

セキュリティ事件・事故のシナリオは、事件・事故の第一報（イニシャルイベント）を想定することから始めます。第一報は、必ずしもCSIRTなどの窓口に届くとは限りません。代表電話で受け取ることもあれば、顧客サポートに届くこともあります。また公的な機関、公共性の高い組織、著名な組織や個人からの情報は適切なエスカレーションが期待できても、名前を知らない個人や、匿名の通報に対して適切な対応ができるとは限りません。

セキュリティ事件・事故のシナリオは、「Annex A セキュリティ事件・事故シナリオの例」として記載しています。情報元、受付部門を例示していますが、受付

部門を入れ替えたシナリオも検討してください。進め方に慣れてきたら、後述する脅威インテリジェンスに基づいたシナリオも検討してください。

参照（CISOハンドブック）

DX（デジタルトランスフォーメーション）やクラウドを中心としたシナリオを作成する場合には、『CISOハンドブック』の「第8章　DXと情報セキュリティ」「第9章　クラウドファーストの情報セキュリティ」を参照してください。

Workshop-4　E1～E5. 技術レベルの机上演習の実施

上記シナリオに対して、E1～E5を実施します。防御できるか、検知できるか、調査できるか、対処できるか、といった視点で机上演習を実施し、ステータスレポートを作成します。必要に応じて、サイクルを繰り返しながら、技術レベルの机上演習を行い、インシデント報告書としてまとめます。

- 参加者：事務局、情シスなど
- 作業：シナリオを選択し、サイクルごとにステータスレポートを作成する
- ゴール：イベントに対応した内容から、ステータスレポートを作成し、最後にインシデント報告書を作成する

「4-1　机上演習による施策検証の概要」に沿って、ステータスレポート、インシデント報告書を作成します。練度が上がってきたら、Workshop-5で想定している事業担当者、法務担当者、広報などのメンバーを加えることを検討してください。ただし、参加者を増やした場合は話が発散してしまい、良いアウトプットにつながらない傾向があります。まずは、事務局の練度を上げることを目指してください。

技術レベルの机上演習では、シナリオで提示されるIPアドレスなどから対象となる端末や人物の特定し、提示された情報やデータからシステムやデバイスを特定します。なお、特定できない場合は「不明」とし、次のサイクル以降で特定するようにしてください。

Workshop-5 E3-bcd. 対応内容の確認・検証

Workshop-4で作成したステータスレポート、インシデント報告書の内容について、専門家や事業責任者の視点を借りて確認します。

経営陣との机上演習を実施すると、顧客との関係はどうか、法務の確認は取れているか、広報はどう考えているか、といった質問が出ると思います。事前に、専門家の視点から、分析内容、対応方針、課題を共有し、経営陣の判断が必要な項目を明らかにしていきます。

Workshop-5a 事業視点の課題の確認

ステータスレポートとインシデント報告書を使い、事業への影響を確認します。

- 参加者：事務局、事業担当者
- 作業：ステータスレポートを使ってサイクルごとに対応を検討する
- ゴール：検討結果をステータスレポートに反映する

事業視点から、ステータスレポート、インシデント報告書の内容を評価します。事業視点の課題や優先順位など、技術的な視点からは見えない観点を引き出してください。

事業責任者に「一番嫌なことは？」といった質問をすることも、ディスカッションを活性化させる上では効果的です。

Workshop-5b コンプライアンスの確認

ステータスレポートとインシデント報告書に基づいて、法的な側面や契約への影響、必要な連絡先と情報を確認します。

- 参加者：事務局、法務など
- 作業：ステータスレポートを使って、コンプライアンス上の課題を確認する
- ゴール
  - 結果をステータスレポートに反映する
  - 模擬的な社外への届出書や報告書を作成する

個人情報やプライバシーの保護の進展に伴い、これまで以上に法務とセキュリティ担当者の協力が求められるようになりました。事件・事故の対応においては、法務は欠かせない関係者です。

このフェーズでは、法務視点から、ステータスレポート、インシデント報告書の内容を評価します。なお、法務担当者であっても、すべての法務領域のスペシャリストであることは期待できません。得意な領域、専門外の領域を明らかにし、外部リソースについても議論します。

契約業務を法務が行っている場合、法務担当者は事業の承認や推進のプロセスにかかわる立場のはずです。プロセスの中に、セキュリティ要件を入れていくことも議論してください。

このフェーズでは、コンプライアンス上の課題の確認し、必要な連絡先へのフォーマットや手続きを確認し、届出書や報告書を作成してください。

Workshop-5c　広報対応の確認

ステータスレポートとインシデント報告書に基づいて、広報対応への影響、必要な情報、情報発信の方針などを確認し、「S. 事件・事故の公表」について取りまとめます。

- 参加者：事務局、広報、その他関係者
- 作業：ステータスレポートやインシデント報告書を使って広報にかかわる課題を確認する
- ゴール：ポジションペーパーやインシデント報告書を概要説明資料として取りまとめる

広報は、会社の窓口として情報発信を担っていることから、経営陣や事業責任者とも関係を構築しています。加えて、危機管理の訓練を受けている場合もあり、大

きな事件・事故が起きた際には、頼りになる関係者となる可能性があります。

記者会見やホームページでの公表の有無、公表する場合は、公表内容と周知の方法、発表者（スポークスパーソン）を誰にするかなど、コミュニケーションプランをまとめ、ポジションペーパー、ステートメント、概要説明資料、Q&A集を作成します。

Workshop-5d　その他関係者の確認

上記ステータスレポートに基づいて、その他の関係者への確認を行います。

- 参加者：事務局、その他関係者
- 作業：ステータスレポートを使って、関係者と課題を確認する
- ゴール：結果をステータスレポートに反映する

必要な関係者を特定し対応内容を確認してください。会計処理や税務処理、輸出入管理、人事・労務管理、損害保険対応など、さまざまな影響が想定されます。必要に応じて、社内外の専門家に確認を求めるようにします。

Workshop-6　E1～E5. 経営陣との机上演習

上記ステータスレポート、インシデント報告書に基づいて、判断や対応、経営陣に期待される役割を検証します。ポジションペーパーや概要説明資料の確認を通じて、経営陣に与えたい「気づき」を具体化します。しっかりとした段取りが重要です。

- 参加者：事業責任者、経営陣など、他の関係者
- 作業：判断や対応について確認するとともに、経営陣が実施すべき対応を伝える
- ゴール
  - ポジションペーパーや概要説明資料を評価する
  - 経営陣が事件・事故の可能性と求められる対応を理解する
  - 事件・事故の防止、被害の最小化のために必要な追加の施策の理解を得る
  - 事業とITの密接な関係を理解する

シナリオのリスク状況に対して、経営陣が判断すべき事項、判断に必要な情報、権限と手順について共有します。また、これまでに行った判断の適切性についても、議論の機会を持つようにします。時間のない経営陣に対して、長々と背景や経緯を話すことは得策ではありません。シナリオの設定を説明し、判断に必要な最低限の説明にとどめることがポイントとなります。

再発防止策として記載した項目は、すぐに実施すべき対策そのものです。対策の必要性について経営陣の理解を求めてください。難しいかもしれませんが、概算の費用を併せて提示できれば、より具体的な議論ができるようになります。また、単に承認をもらえばよい施策だけではなく、経営陣から全社的、組織横断的な改善計画が得られるように心がけてください。

Workshop-7 S. 模擬的な記者会見

ここまでに作成したポジションペーパーや概要説明資料に基づいて、模擬的な記者会見を開催します。模擬的な記者会見を通じて、公表に耐える調査と対応が行われていることを検証します。

経営陣は、ここまでの作業で状況や必要な対策は理解できているはずですが、自身が発表するという状況を作ることで、単に理解するだけではなく、当事者としての視点を持つことを期待しています。

- 参加者：事務局、経営陣、広報、記者役、その他
- 作業：公表内容を取りまとめ、実際に事故があった際に記者会見を行う立場の方が発表をする。記者役は、記者として公表内容について発表者に質問をする
- ゴール
  - 取りまとめた公表内容の適切性を外部視点で評価する
  - 参加者が共通の理解を持ち、想定外の質問にも適切な対応ができる
  - 記者会見の際の基本的な注意点を確認する

Workshop-7a　出席者を決める

5-2節「①スポークスパーソンと司会役」を参考に、記者会見においては、スポークスパーソン、司会役、記者役を決めてください。

Workshop-7b　模擬記者会見を実施する

模擬記者会見を実施するにあたっては以下の点に注意してください。なお、記者会見における基本的な注意事項については、「Annex H　記者会見を開催する上での留意点」としてまとめています。

事前の準備

出席者の服装については、事前に注意事項を決めておきます。演習ではありますが、会見に向いた服装を理解してもらいます。

模擬記者会見を実施する前に、スポークスパーソンにポジションペーパー、概要説明資料、Q＆A集を確認してもらい、リハーサルを行ってください。リハーサルを省略すると、会見が混乱し中断する可能性が高くなります。

会見の記録

模擬記者会見は、ビデオなどで撮影し記録してください。演習においては、会見を振り返るための効果的なツールとなり、実際の記者会見においては、発言の証拠となります。

質疑応答については、内容が確認できるように質疑応答記録を作成してください。

会見の実施

模擬記者会見は、司会の案内でスポークスパーソンが入場するところから始めてください。会見を始める前に、スポークスパーソンを紹介し、紹介の後にスポークスパーソンが会見を行います。

質疑応答

質疑応答は、特に注意して記録を取るようにしてください。

Workshop-7c　模擬記者会見のフォローアップ

ビデオを確認し、改善すべき点を洗い出します。また、模擬記者会見で答えられなかった質問、間違った内容があれば、これを記録し、訂正する方法について検討してください。

Workshop-8　S. 模擬的な届出・報告・連絡

Workshop-5bでまとめた、届出、報告、連絡が必要な相手を確定し、模擬的に対応します。

- 参加者：事務局、経営陣、広報、取引先役、被害者役、その他
- 作業：策定した、社外への届出書や報告書を使って、模擬的に届出・報告などを行う。届出先役、取引先役、被害者役は、その役割の方の心情になって内容を吟味し、できるだけ厳しい対応を心がける
- ゴール
  - 届出・報告・連絡内容を取りまとめること
  - その過程において、担当者を明確にし、適切なチェック機能を確認すること
  - クレームについて適切な受け答えができること

Workshop-9　F. 評価と改善計画の策定

ワークショップを通じて明らかになった課題に基づいて、改善計画を策定し、アクションプランとして展開します。

- 参加者：事業責任者、経営陣など、他の関係者
- 作業：明らかになった課題に対するアクションプランを策定する
- ゴール
  - 改善計画とアクションプランを策定する
  - これを参加者で共有し、経営陣の了承を得る

まずは、ワークショップにおける「評価すべき項目」について取り上げてください。たとえば、思ったよりも資料がしっかりしていた、不明瞭だった手順を具体化することができた、参加者の専門知識を改めて認識した、経営陣の考え方が理解できた、すぐに取り組まなくてはならない課題が明らかになった、などを手掛かりにします。

次に、改善計画とアクションプランを策定します。詳細なアクションプランを目

指すと策定に時間がかってしまい、プランができたころにはワークショップで得た知見が薄れてしまいます。まずは、ワークショップの中で完成するレベルでアクションプランを策定してください。もちろん、実際の計画に反映するには時間が必要ですが、基本的な理解を共有し、経営陣の了承を得ることは、計画の策定や推進に対して大きく貢献します。

Workshop-10 F. 課題の追跡と継続的なコミュニケーション

改善計画の進捗状況を定期的に確認します。

- 参加者：事業責任者、経営陣など、他の関係者
- 作業：改善計画の進捗状況を確認する
- ゴール
  - 改善計画を確認し必要に応じて対応を行う
  - 新たな課題が明らかになった場合の対応も検討する
  - コミュニケーションチャネルを構築し維持する
  - 定期的に進捗を確認する仕組みを用意する

四半期などのタイミングで、定期的に改善計画の追跡を行ってください。必ずしも事業計画のマイルストーンに組み込む必要はないのですが、定期的に参加者が集まる機会を持つようにしてください。

問題を共有している参加者が、定期的なコミュニケーションを続けることで、事件・事故が起きたときの迅速な対応が可能となり、新しい計画や事業を始める際に、事前に課題の対応をすることも期待できます。

Column

レジリエンスとCISO-PRACTSIE

近年、サイバーレジリエンスという言葉をよく聞くようになりました。「NIST SP800-160 Vol.2 Rev.1 Developing Cyber-Resilient Systems: A Systems Security Engineering Approach[注2]」によれば、「サイバーレジリエンスに関するいかなる議論も、敵対者が防御を突破すること、および、侵入またはサプライチェーン攻撃を通じてであれ、敵対者が組織のシステム内に長期的な存在を確立することを前提に行われるもの」で、「サイバー資源を使用する、又はサイバー資源によって可能となるシステム上の悪条件、ストレス、攻撃、又は侵害を予期し、それに耐え、回復し、適応する能力」とされています。

従来は、適切なセキュリティ対策を行えば、攻撃は防ぐことができることを前提として、これを確実なものとするため、さまざまな取り組みと数多くのソリューションが登場しました。しかし、2010年に報道されたOperation Aurora[注3]、2013年に公表されたAPT1: Exposing One of China's Cyber Espionage Units[注4] (Mandiant)、他にも米国政府機関への侵入事件が相次いだことから、攻撃が成功し侵害を受けることを前提としたセキュリティ対策へ移行することになります。NISTが公表しているCyber Security Framework[注5]も、侵害を前提とした対策の代表的なフレームワークで、フレームワークコアとして、識別、防御、検知、対応、復旧を構成し、サイバーレジリエンスと同様に、防御（セキュリティ）が破られることを前提としたものになっています。

CISO-PRACTSIEでは、レジリアンスという言葉を使っていませんが、机上演習を通じて、現状の施策の棚卸、施策の有効性検証、必要な施策の分析、組織の対策レベル向上を図ります。つまり、侵入を前提とし、セキュリティ対策や組織が、適切な対処ができるかを検証し、練度を上げる取り組みです。CISO-PRACTSIEは、レジリアンスを組織に実装するための1つの切り口であると考えています。

注2　NIST (2021)、NIST SP800-160 Vol.2 Rev.1 Developing Cyber-Resilient Systems: A Systems Security Engineering Approach (https://nvlpubs.nist.gov/nistpubs/SpecialPublications/NIST.SP.800-160v2r1-draft.pdf)

注3　Wikipedia (2019)、オーロラ作戦 (https://ja.wikipedia.org/wiki/%E3%82%AA%E3%83%BC%E3%83%AD%E3%83%A9%E4%BD%9C%E6%88%A6)

注4　Mandiant (2013)、APT1: Exposing One of China's Cyber Espionage Units (https://www.mandiant.com/sites/default/files/2021-09/mandiant-apt1-report.pdf)；@IT (itmedia.co.jp) (2013)、再考・APT～Mandiantレポートを基に～：レポートの「オモテ」と「ウラ」を読み込む (1/4ページ) (https://atmarkit.itmedia.co.jp/ait/articles/1305/09/news004.html)

注5　IPA重要インフラのサイバーセキュリティを改善するためのフレームワーク　1.1版 (Framework for Improving Critical Infrastructure Cybersecurity Version 1.1) (https://www.ipa.go.jp/security/publications/nist/)

TIPs for CISO

Shift Leftで考える

これで、ワークショップの準備は整いました。

まずは共通の理解を持つメンバーで、小規模に始めてみましょう。実際にワークショップを行うと、結論の出ないブレーンストーミングになってしまい、そもそも論や、責任の所在など、改善にはつながりにくい議論に終始するかもしれません。これを避けるためには、各回のインプットとアウトプットを事前に定義しておくことが重要です。CISO-PRACTSIEは、インプットとアウトプットを明確に構成したつもりですが、上手にファシリテートするためには、回数を重ねる必要があるかもしれません。くれぐれも、経営陣を巻き込む前に、十分な材料をそろえ、事務局の練度を上げるようにしてください。なお、ワークショップでは、ファシリテータはファシリテータ役に徹し、設定した成果が得られるように議論を誘導してください。

CISO-PRACTSIEは、経営陣や事業責任者にセキュリティを理解してもらう建前ですが、むしろセキュリティ関係者が事業と経営、ITシステムを理解し、関係者とのコミュニケーションの基盤を作ることに価値があると考えています。

「国際基準に沿った対策」という何らかの権威を主語にした文脈ではなく、「xx事業を支える対策」や、「経営計画をサポートするための取り組み」のように、自社の経営に沿った文脈のコミュニケーションを目指してください。プロセスの上流から対応することをShift Leftと呼ぶことがあります。左側=上流に進んでいくと、最終的には、事業や経営といった領域となるわけですから、経営視点、事業視点から考えることは、セキュリティを経営レベルまでShift Leftする試みと言えます。

きれいなことを書いてきましたが、ワークショップは途中で頓挫してしまうかもしれません。そんなときにもCISOは相談する相手、ディスカッションする相手がなかなか見つかりません。JNSA CISO支援ワーキンググループは、CISOやセキュリティ専門家の情報交換の場としてコミュニケーションを行っています。CISOワーキンググループへのご参加も選択肢の1つとしていただければと思います。

セキュリティ対策は、決して簡単な仕事ではなく、何かのお手本どおりに進めていればよいものでもありません。技術力はもちろんですが、経営や事業への理解、コミュニケーション能力など、総合的なスキルが要求されます。

せっかくCISOという難しい仕事をしているのですから、ご自身の取り組みへの理解を求めるばかりではなく、経営や事業を理解に努めることが成果につながると考えます。そのためのツールの1つとして、CISO-PRACTSIEを活用いただければ幸いです。

TIPs for Management

経営者の疑問と思いを表現する

社内ではセキュリティ事件・事故は担当者の問題かもしれませんが、社外から見れば会社の問題であり経営の問題です。CISO-PRACTSIEに参加いただく機会があれば、ぜひ、ご自身が対応すべき現実の問題として取り組んでいただきたいと思います。

演習中に「なぜ？」という疑問を持たれたら、ぜひ事務局を始めとした参加者に問いかけてください。なぜ経営者がそのように考えるか、どのような報告が必要なのか、といった点も参加者に伝えていただきたいと思います。

経営陣には、特に模擬記者会見を楽しんでいただきたいと思います。会社の誰か（担当者）ではなく、ご自身が答えるという立場に身を置くことで、取りまとめた内容が適切か、視点や優先順位に間違えがないか、自分の言葉として話せるか、といった疑問や課題が浮かび上がると思います。「これができてなかったとは言いたくない！」と思うことがあれば、ぜひ、改善計画を指示してください。その改善計画こそが「最悪の事態から逆算」したものです。

スポークスパーソンにとって、記者会見やインタビューのトレーニングは必須のトレーニングと考えています。筆者がマイクロソフト社に入社した際に、本社（Redmond）でメディアトレーニングを受ける機会がありました。当時、マイクロソフト社でセキュリティについて社外に発言するためには、このトレーニングに合格する必要があったためです。トレーニングは、話す内容だけではなく、椅子に座る姿勢や、言葉遣いについても懇切な指導があり、とても参考になるものでした。最後に、圧迫面接のような模擬インタビューがあるのですが、マイクロソフト社の製品を理解していない状況で、冷や汗をかきながらの対応となりしましたが、幸い合格をいただくことができました。インタビューの様子を録音したMDを渡されましたが、今の時代であれば、模擬記者会見を動画で記録しレビューをすることは、良い取り組みになると思います。

日本でも同様のトレーニングを探したのですが、残念ながら見つけることができませんでしたが、いわゆるメディアトレーニングは提供されているので、経営陣やスポークスパーソンは、ぜひトレーニングを受けることをお勧めします。事件・事故の対応ばかりではなく、平常時の業務に対しても有効なトレーニングになるはずです。

むすび

本書は、2018年にJNSAから公表した『CISOハンドブック Ver1.0 β』[注6]の一環で、「インシデントハンドリング ワークショップ」として公表した内容を発展させたものです。これまでも内容を掘り下げたいと考えていたのですが、特定のイベントを掘り下げるとCSIRT向けの資料になってしまい、CISO向けを目指すと、あまりに概念的な内容になっていました。このため、構想はあっても形にすることができませんでしたが、幸いにも書籍としてまとめる機会に恵まれました。

CISOとして、セキュリティ対策の責任者を担う立場になると、当然ながら広範囲な知見と判断が求められます。実際のところ、すべてに応えようと考えると気が遠くなってしまいます。経営陣の一員としてのマネジメントの壁もありますが、実は技術の壁も立ちはだかっています。自身がネットワークを構築し、クラウドを利用したシステムを立ち上げ、サービスを運営していれば技術の壁は低いと思いますが、そうであっても、会社で利用しているすべてのシステムやサービスを理解することは難しいでしょう。また、現実的な話としては、セキュリティソリューションやISMSのエキスパートで、システム構築の経験を持つ方は少ないのではないかと思います。

もちろん、チームとしてカバーできればよいのですが、それでも最終的な判断はCISOが行う必要があります。最低限の知識は必要ですし、知識を持つ人を把握し、コミュニケーションを構築する力も必要です。必要性はわかっていても、日常の業務に追われる中では、対応が難しいことも少なくありません。CISO-PRACTSIEは、日常的に行うことが難しい「当たり前」のことを整理し、協力が必要な人たちとのコミュニケーションを構築するための機会になると考えています。

実際のところ、ワークショップに事業責任者や経営陣が参加することは難しいかもしれません。その場合でも、作成したステータスレポートやインシデント報告書を使い、経営陣に判断の是非や、合理性について確認を取ることはできると思います。これができれば、思わぬ視点からのコメントや、考え方に接することができると思います。

CISO業務を執行していくためのツールとして、CISO-PRACTSIEを活用ただければ幸いです。

注6 JNSA (2018)、CISOハンドブック (https://www.jnsa.org/result/2018/act_ciso/)

あとがきに代えて

私がセキュリティに深くかかわるようになったのは、1999年に当時のISS社(Internet Security Systems)に入社したことがきっかけです。それまでは、ソフトウェアエンジニアとして、開発、開発環境、品質管理などにかかわってきました。

当時、セキュリティ業界は、誰にも真似できない名人芸が重視され、工学的な合理性は重視されていないという印象がありました。最近も使われる「トップガン」や「ホワイトハッカー」という呼称も同様の価値観を表す言葉かもしれません。

当時のISS社には、横森さん注7というハッカーが在籍していました。横森さんが担当するペネトレーションテストは、まさしく真似のできないもので、直接的、間接的にハッカーのすごみを実感することになりました。

一方で、個人の能力に頼ったペネトレーションテストは、根源的な矛盾を抱えていました。たとえば、見つかった問題点は、テスターが世界一のハッカーだから見つかったものかもしれません。そうであれば、普通の攻撃者を想定した対策は必要ないかもしれません。逆に、テスターはすぐに見つかるような問題点を見落としているかもしれません。テストのカバレッジ(範囲)がわからず、発見された問題点がすべてなのか、他に重大な問題がないかを判断できない点が課題でした。

この課題を解決するため、当時のメンバーと、ホワイトボックステストという考え方を提唱しました。インターネットからのペネトレーションテスト、つまりブラックボックステストだけではなく、インターネットからの評価、DMZに侵入されたことを前提とした評価、イントラネットに侵入されたことを前提とした評価の3つの視点から検証する手法です。検査のカバレッジと、見つかった脆弱性の関係が明らかになり、合理的な対策の立案につながりました。当時は、ハッカーとしてのレベルが低いから、そんなアプローチが必要なのだと、少し馬鹿にされていたのですが、現役のエンジニアに聞いてみると、当たり前の考え方になっているようです。

当時から取り組んできたのは、セキュリティを説明可能なものにするということでした。筆者のベースとなっているソフトウェア開発やシステム開発も、工学というよりはアート(テクニカルアート)という側面が目立ちますが、膨大な開発作業の結果として、不可解なソフトウェア開発という作業を、説明可能なものにする知恵が蓄積されています。セキュリティにかかわり始めた当時から、セキュリティも説明可能なものにしていきたいと考えていました。

本文でも書いていますが、筆者は2000年～2002年頃に、技術コンサルティング事業の立ち上げを任された経験があります。そのときは、あまりに経営も事業もわ

注7　横森さんは2011年にお亡くなりになりました。ご冥福をお祈りいたします。

かっていないことに苦しみました。このため、いわゆる業務執行(オペレーション)について参考になる書籍を探したのですが、経営書と言えば創業者の成功物語ばかりで、マネジメントと言えば、いわゆる庶務教育ばかりでした。ジャーナリスト、研究者、コンサルタントといった外部の視点で書かれたものは手に入っても、当事者の視点で業務執行を書いた書籍を見つけることができませんでした。

『CISOハンドブック』は、ある意味、当時の自分に向けて書いたものかもしれません。このためか、CISO支援ワーキンググループのメンバーから「『CISOハンドブック』に書いてあることはわかるが、実践しようとするとうまく展開できない」とのコメントがありました。本書は、このコメントを契機に、『CISOハンドブック』を実践に活用する手法として、具体的なシナリオを軸に、セキュリティ施策をレビューし、関係者を巻き込みながら、必要な知見を充実させていく手順としてまとめました。

経営もセキュリティも、一般化された抽象的な概念を取り扱うだけでは、地に足の着いた議論はできません。考えるべき事象を具体化することで、経営、技術、法務、人事、財務などの専門領域を超えて、会社や組織の共通の課題として向き合うことができるようになると考えています。

本書が、そのような取り組みの一助になればと願っています。

Annex

A　セキュリティ事件・事故シナリオの例
B　初期情報からの調査と対処
C　シナリオの展開例
D　仮想企業を使った実習例
E　個人情報に係る報告義務について
F　脅威インテリジェンス
G　インシデント対応の運用と戦術
H　記者会見を開催する上での留意点
I　サイバーインシデント緊急対応企業一覧

Annex A セキュリティ事件・事故シナリオの例

セキュリティ事件・事故のシナリオは、事件・事故の第一報（イニシャルイベント）を想定することから始めます（**表A-1**）。第一報は、必ずしもCSIRTなどの想定された窓口に届くとは限りません。代表電話で受け取ることもあれば、顧客サポートに届くこともあります。また、情報元によって、社内の取り扱いが違うかもしれません。公的な機関、公共性の高い組織、著名な組織や個人からの情報は適切にエスカレーションできても、名前を知らない個人や匿名の情報を、適切にエスカレーションができるとは限りません。**表A-1**では、情報元、受付部門を例示していますが、情報元、受付部門を入れ替えたシナリオも検討してください。

簡単なシナリオから始め、進め方に慣れてきたら、後述する「Annex F　脅威インテリジェンス」を取り入れたシナリオにも取り組むようにしてください。

A-1 セキュリティ事件・事故シナリオの例

▼表A-1　事件・事故シナリオの例（続く）

事件・事故対応の第一報	情報元	受付部門	状況など
侵入検知システムで、アラートが上がった	CSIRT	CSIRT	IPアドレスとイベント名 アラート：High、Medium、Low オフィス、WFH（Work From Home）
社内ネットワークから、ブラックリストに載っているIPアドレスへの通信が確認された	CSIRT	CSIRT	送信元、送信先のIPアドレスとポート番号 オフィス、WFH
社員が、偽セキュリティソフトを実行した	社員	CSIRT	連絡：メール、チャット、電話 オフィス、WFH
Emotetと思われるメールを受信した	社員	CSIRT	連絡：メール、チャット、電話 オフィス、WFH
社員の業務用PCがマルウェアに感染した	社員	CSIRT	連絡：メール、チャット、電話 オフィス、WFH 業務外利用の有無
社長のPCがマルウェアに感染した	社員	CSIRT	PC：業務用、業務兼用、私用 連絡：メール、チャット、電話 オフィス、WFH 業務外利用の有無
標的型攻撃で機密情報が漏れた可能性があることが、外部からの連絡で判明した	JPCERT/CC	CSIRT	顧客情報、クレジットカード情報の有無（件数：50、500、5,000、50,000、500,000） 営業情報、設計情報
ハッカーの侵入を受けて、経営幹部Aのメールボックスがインターネットに公開されたと連絡が入った	メディア	広報	経営幹部Aメールボックスには、個人情報を含んだ多くの機密情報が含まれる
Webから顧客情報が閲覧可能な状態にあると連絡が入った	個人（匿名）	広報	顧客情報、クレジットカード情報の有無（件数：50、500、5,000、50,000、500,000）

▼表A-1　事件・事故シナリオの例（続き）

事件・事故対応の第一報	情報元	受付部門	状況など
弊社にしか登録をしていない「メールアドレスに広告が入った」とのクレームが入った	顧客	サポート	クレーム件数（1、5、50、500、50,000）
弊社にしか登録をしていない「クレジットカードが勝手に使われた」とのクレームが入った	顧客	サポート	クレーム件数（1、5、50、500、50,000）
インターネット上の掲示板に取引先の顧客情報を含むドキュメントが掲載されている	取引先	担当営業	営業情報、設計情報、（件数：1、5、10、50、500）
弊社が所有するIPアドレスから攻撃を受けているとのクレームが入った	取引のない海外企業	CSIRT	クレーム件数（1、5、50、500、50,000）
弊社のメールアカウントを使った、標的メールが取引先に送信された	取引先	担当営業	確認されたメールの件数（1、5、50）
業務システムで管理する機密情報が社外に持ち出された	官公庁	代表→広報	機密情報の件数（1、5、50、100、200）
サービスで提供をしているWebサーバーが、ミドルウェアの脆弱性を使って、改ざんをされた（Apache Struts、WordPressなど）	SNS	社員	サーバー数またはページ数（1、5、50、100、200）
深刻な脆弱性が公表された（Log4Jなど）	JPCERT/CC	CSIRT	重大な影響を与え、すでに攻撃コードも公開されている
システムが停止し、脅迫文が表示された	社内	社員→CSIRT	PCの報告件数（1、5、50、100） 影響を受けたシステム（基幹システム、ファイルサーバ、カレンダー、その他） バックアップ（あり、一部あり、なし）
弊社が管理する個人情報が流出し、個人情報を保有する者から脅迫の連絡が届いた	脅迫者	代表→CSIRT	顧客情報、クレジットカード情報の有無（件数：50、500、5,000、50,000、500,000） 営業情報、設計情報
取引先の指示に従って、振込先を変更したところ、その取引先から入金がないとの連絡があった	取引先	担当者（経理）	振り込んだ金額： （100万円、1千万円、1億円、10億円、100億円）
業務委託先が個人情報を格納したUSBメモリを紛失した	委託先	担当者（情シス）	個人情報（件数：50、500、5,000、50,000、500,000）
弊社が運営するWebサイトに脆弱性の指摘があった	個人	CSIRT	軽微、中程度、重大、壊滅的、未評価

A-2　発生時の状況設定

事件・事故が起きる際に、必要な関係者がそろっているとは限りません。事件・事故発生時の社内状況を想定した演習を行うことで、より実践的な演習となることが期待できます。なお、筆者の経験では、事件・事故は金曜日など休前日の夕方に起きることが多いようです。

システム停止の影響は、タイミングによって異なります。たとえば、会計システムが月末や月初に停止した場合、当月の売上が立たないかもしれません。決算発表の直前であれば、決算発表ができない事態になるかもしれません。

海外子会社が関係する事件・事故も少なくありません。海外子会社のガバナンスの状況、セキュリティ対策の状況が把握できていない場合、対応に時間を要することになります。

セキュリティ事件・事故のシナリオを作成する際に考慮すべき状況を、**表A-2**として記載します。

▼表A-2　事件・事故発生時のコンディション

検討項目	発生時のコンディション
発生時刻	00:00、02:00、06:00、08:00、10:00、12:00、14:00、16:00、18:00、20:00、22:00
曜日	月曜、火曜、水曜、木曜、金曜、土曜、日曜
時期	月中、月末、四半期末、年度末、月初、四半期初、年初、決算発表前、株主総会
長期休暇	通常、長期休暇直前、長期休暇中、長期休暇後
出張予定	社長、CIO、CFO、CSIRT責任者、広報責任者、法務責任者、その他
出張中	社長、CIO、CFO、CSIRT責任者、広報責任者、法務責任者、その他
発生場所	本社（管轄）、営業所、支店、子会社、親会社、海外子会社、海外親会社

Annex

B 初期情報からの調査と対処

事件・事故が起きたときには、被害の拡大を防ぐための緊急対処が必要です。しかし、初期段階で入手できる情報は少なく、しかも迅速な対応が求められます。実施できる調査・対応を、事前に整理しておく必要があります。

一般的に想定される初期情報と対処の関係性は「情報と対処のマトリックス（**図B-1**）」として整理できます。Annex Bでは、「情報と対処のマトリックス」を使った初期情報からの対応について記載します。なお、実際には、システム構成で大きく内容が異なるため、演習を通じて自社の環境に置き換えるようにしてください。

▼図B-1　情報と対処のマトリックス

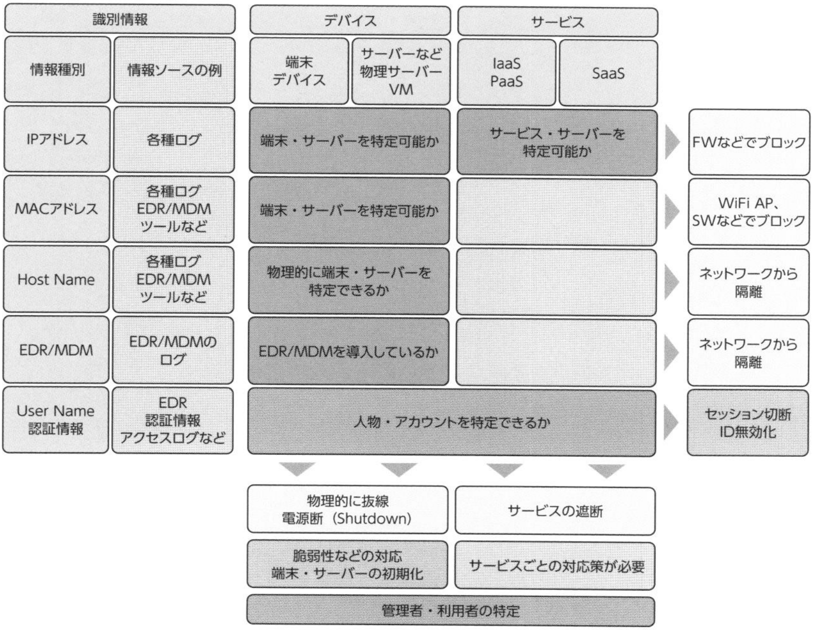

B-1 横方向の検討（情報と対処のマトリックス）

IPアドレス、MACアドレス、ホスト名、ユーザー名などが判明した場合に実施できる調査・対応について検討します。

EDR・MDM

調査対象の端末に、MDMやEDRが導入されている場合に、実施できる調査・対応を検討します。

MDMやEDRがインストールされている場合は、端末や利用者の特定が容易になります。また、MDMやEDRの機能により、ネットワーク遮断などの対応ができる可能性があります。

IPアドレス

調査対象のIPアドレスが判明した場合に、実施できる調査・対応を検討します。

たとえば、ファイアウォールで当該IPアドレスと社外の通信をブロックすることや、ルーターなどで当該IPアドレスを他のセグメントから遮断できる可能性があります。

IPアドレスから端末が特定できることも確認してください。サーバーであれば、情報資産管理台帳で管理されている場合が多いと思います。nmapなどのネットワークツールを利用することで、MACアドレス、ホスト名、OSの推定が可能です。

当該IPアドレスからの接続ホストやURLが記録されているプロキシー(Proxy)やファイアウォールなどのログは、イベントの実態や影響を判断するための重要な情報となります。

MACアドレス

MACアドレスが判明した場合に、実施できる調査・対応を検討します。

MACアドレスを使って、ネットワークスイッチによる遮断や、WiFiアクセスポイントでフィルタをかけるなどの対処ができる可能性があります。

またMACアドレスからネットワークカードのベンダーを特定することで、端末の特定につながる場合もあります。

なお、MACアドレスは、ネットワークスイッチなどのネットワーク装置のMACアドレスである可能性があるので、この点も確認してください。

ホスト名

ホスト名が判明した場合に、実施できる調査・対応を検討します。

ホスト名の命名規則が制定されている場合は、管理下にある端末であると判断できる可能性があります。

また、ホスト名から管理者や利用者を特定・推定できる可能性もあります。Active Directoryによるドメイン管理が行われている場合には、ネットワークから遮断ができる可能性もあります。

ユーザー名（アカウント名、ID）

ユーザー名が判明した場合に、実施できる調査・対応を検討します。

ユーザー名から、利用している人物を特定できる可能性があります。また、アカウントを無効にする、プロセスを終了する、セッションを切断するといった対応ができる可能性があります。

B-2 縦方向の検討（情報と対処のマトリックス）

人物、端末、サービスが特定できた場合に実施できる調査・対応について検討します。

端末

端末が特定できた場合に、実施できる調査・対応を検討します。

端末が特定できた場合、物理的なネットワーク遮断（抜線）や、当該端末の電源を遮断できる可能性があります。

また、二次的な対処として、脆弱性の対応や、システムの初期化と再インストールといった対応も可能です。PCなどの端末がマルウェア感染をした場合に、実施すべき対応が策定されているか、また、適切な内容であるかを検討します。

サービス（IaaS/SaaS）

調査対象となるサービスが、特定できた場合に実施できる調査・対応を検討します。

実施できる内容や手順は、サービスにより異なるので、主要なサービスについて実施できる調査・対応と手順を事前に把握してください。

人物

管理者や利用者といった人物を特定できた場合に、実施できる調査・対応を検討します。

管理者や利用者がわかれば、調査や対処への協力を求めることができます。ただし、当該イベントは管理者や利用者が、悪意を持って行動した結果かもしれません。社員であっても、必ずしも調査・対応に協力するとは限らないこと、攻撃に関係している可能性があることも考慮してください。

Annex C　シナリオの展開例

Annex Cでは、CISO-PRACTSIEの実施例として、2つのシナリオを使ってCISO-PRACTSIEを展開します。

- シナリオ1：社内ネットワークで不審な通信を発見
  IPアドレスから端末と管理者・利用者が特定できることを検証します。
- シナリオ2：取引先の情報が記録されたHDDの転売
  技術的な対策ができないシナリオに対する手順と判断について検証します。

C-1　シナリオ1：社内ネットワークで不審な通信を発見

インシデント対応の基本となる、端末の特定を検証します。簡単なシナリオですが、調査を行う上でネットワーク構成図やIPアドレス一覧が必要になります。IPアドレスから、影響の範囲を特定できるか、端末を特定できるか、特定した端末の通信を遮断できるかなどを検証します。

シナリオ1#1：E1. イニシャルイベント

インシデントが発覚した時点での状況を、**表C-1**のイベントシートに記載します。

▼表C-1　シナリオ1：イベントシート（イニシャルイベント）

項目	内容
概要	侵入検知システムのログに、疑わしい通信のイベントが、Mediumで記録されていることが判明した
いつ（when）	2022/06/21に実施した侵入検知システムのログの調査で、疑わしいイベントが記録されていることがわかった 該当するイベントは2022/01/12から記録されていた
どこで（where）	社内ネットワークの評価用セグメント、WiFiで接続している可能性が高い 地理的には12F-XXXXの可能性が高い
誰が（who） （情報ソース）	セキュリティ担当者が、別のイベントを調べる中で発見した （侵入検知システムのログ）
何を（what）	IPアドレス xxx.xxx.xxx.xxx、MAC:xx:xx:xx:xx:xx
どのように（how）	多数の社外のIPアドレスと接続を行っていることを確認した
なぜ（why）	不明
補足事項	侵入検知システムは、High, Medium, Lowの3段階に分類されており、Highイベントのみ即時対応する手順になっている

シナリオ1#1：E2. ログなどの保全と記録

インシデント対応において、対応方針によって、すぐに対処を実施する、ログの保全を優先する、より詳細な状況を知るためのモニタを行う（泳がす）などと実施する作業の優先順位が変わってきます。

この段階では、証跡を保全する対象がわかっていないため、対象が判明した時点でログの保全を検討します。

シナリオ1#1：E3-ab. イベントの特定と状況の整理（トリアージ）

イベントの状況と影響を整理し、深刻度、緊急度を評価します。イベントに対する最初の状況整理は、救急事故現場に倣《なら》ってトリアージと呼ばれることがあります。CISO-PRACTSIEでは、ステータスレポートの作成を通じて、トリアージを行うことになります。この例では、イニシャルイベントの深刻度を「B：一定の影響がある」と評価していますが、独立したセグメントであること、良くも悪くも長い期間にわたって記録されているイベントであることから、緊急度を「C：１週間以内の対応」と判断しています。

ステータスレポートは、イベントの投入に伴う調査・対応が進むに従って更新していきます。

シナリオ1：E3-c. 調査と初期対応：該当端末をネットワークから隔離

疑わしい通信の封じ込めを図ります。なお、攻撃者が対処に気が付き、報復的な手段としてシステムやネットワークに深刻な攻撃を行う可能性も考慮してください。

イベント情報から端末の特定を進める例を以下に記載します（**図C-1**）。

1. IPアドレスを使った調査
   - A) IPアドレスを使って外部との通信の確認と遮断を検討する
     - ① ファイアウォールやルーターを使って、当該IPアドレスをブロックできるか
     - ② ファイアウォールやルーターのログから、接続先IPアドレスを確認できるか
     - ③ プロキシーログから接続したURLやドメインを確認できるか
   - B) ネットワークセグメントを確認する
     - ① 影響を与える範囲を判断できるか
     - ② 該当端末などが設置されている区画や場所を絞り込めるか（WFH[注1]にも配慮する）

注1　Work From Home：在宅勤務。

C) EDR（Endpoint Detection and Response）などの管理下にあるか

① EDRに当該IPアドレスを持つ端末が登録されているか

② 登録されている場合、ネットワークからの隔離ができるか

2. MACアドレスを使って社内ネットワークから遮断できるか

A) IPアドレスからMACアドレスを割り出すことができるか

① DHCPのログから割り出せるか

② arpやnmapなどを使って割り出せるか

B) MACによる分離ができるか

① ネットワークスイッチなどでMACアドレスベースのアクセス制御ができるか

C) 有線か無線（WiFi）か判別できるか

① WiFiアクセスポイントのログから判別できるか

② IPアドレスから判別できるか

D) 無線（WiFi）の場合

① WiFiアクセスポイントでMACアドレスフィルタを利用できるか

E) 有線の場合

① ネットワークスイッチで、MACアドレスをフィルタするか、接続しているポートを閉じることができるか

② 物理的に端末を探し出して抜線ができるか

3. 管理者・利用者を特定できるか（最終的には人物を特定する必要がある）
PCの乗っ取り（バックドアなど）も考慮して調査する

A) 端末の特定につながる情報が取得できるか

① ホスト名・ユーザー名

② システム（OSとバージョンなど）

③ 稼働しているサービス（開いているポート）

B) 上記情報などから、管理者・利用者などを特定できるか

4. 物理的に端末を特定できるか

A) 管理者・利用者がわからない場合、物理的に制御可能な状態にできるか

B) 管理者・利用者の協力が得られない場合でも対処できるか

5. 対処の実施について

A) 管理者・利用者などがわかっている場合

① 管理者・利用者に対処を依頼する規程上の根拠はあるか

② 管理者・利用者が対処を拒んだ場合に、どのような対処が可能か

i. ネットワークからの分離などを実施する規程上の根拠

ii. 対処を実施するための手順、権限など

C

B）管理者・利用者などがわからない場合

① ネットワーク遮断などを実施する規程上の手順や根拠はあるか

② 社内・関係者に対処の事前報告をするか

▼図C-1　シナリオ1：情報と対処のダイアグラム

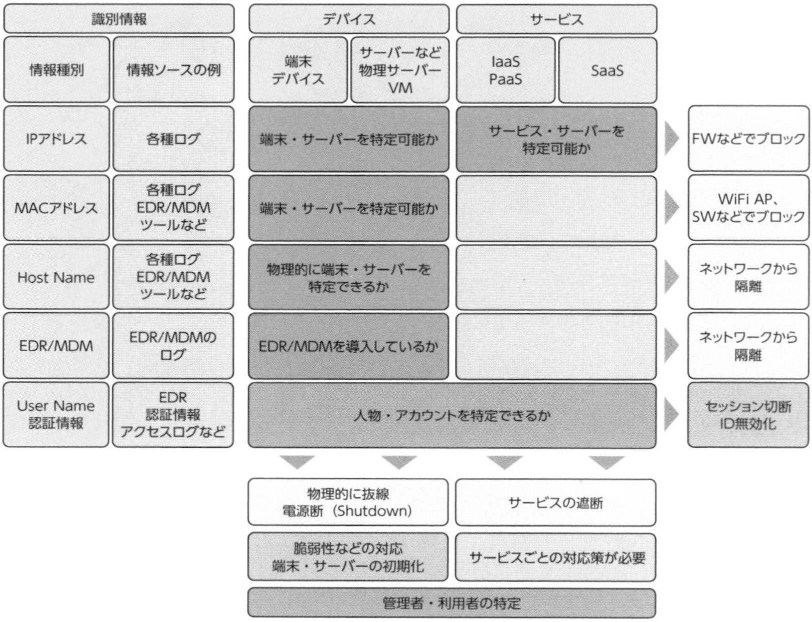

シナリオ1#1：E3-c. 外部関係者

イニシャルイベントでは、コンタクトが必要な外部関係者を特定できると限りませんが、たとえばGDPRの対象となる場合は、72時間以内の報告が求められる点に注意が必要です。時間的な制約がある場合は、この点を対応チームの共通理解とする必要があります。

- (r)-1. 必須の連絡先：監督官庁など
  - 現段階では、個人情報流出やシステム侵害の可能性について判断ができないが、GDPRの対象となっている場合は、侵害を確認してから72時間以内の報告が求められる
- (r)-2. 取引先
  - 現段階では影響を与える取引先を特定できない

- (r)-3. 影響を受ける被害者
  - 特定できない
- (r)-4. メディアなどの公知
  - 現段階では公表する事案ではない

シナリオ1#1：E5. ステータスレポート

ここまでの調査内容などから、ステータスレポートを作成します（**表C-2**）。

▼表C-2　シナリオ1：ステータスレポート（イニシャル）（続く）

<table>
<tr><th></th><th>(b)-1. 事業</th><th>(b)-2. 情報の種類</th><th>(b)-3. システム停止の影響など</th><th>(b)-4. その他の事項</th></tr>
<tr><td>対象事業</td><td>事業：社内ネットワーク
担当責任者：石田
事業概要：業務全般
売上：100億円
顧客数：200人（社員）</td><td>□ 個人情報
□ クレジットカード情報など
□ 顧客から預かった機密情報
□ 自社の機密情報
□ 公表済みの情報
■ 特定が困難（端末・メールなど）
□ その他
□ 不明</td><td>社内ネットワークを停止した場合、業務全般に大きな影響がある
なお、社外向けのサービスについては、パブリッククラウドを利用しているため、影響はない</td><td>• コンプライアンス
不明
• 社会的影響
社会的な影響を与える可能性は極めて低い
• その他</td></tr>
<tr><td rowspan="4">事業への影響</td><td>(s)-1. 対応レベル</td><td colspan="2">(s)-2. 状況・概要</td><td>(s)-3. 事業面の対応</td></tr>
<tr><td>□ 経営陣
□ 事業担当執行役員など
□ 広報
■ 情シス
□ 法務・知財
□ 人事
□ 社員全般</td><td colspan="2">侵入検知システムのログに、疑わしい通信のイベントが、Mediumで記録されていることが判明した
当該IPアドレスは、多数の社外のIPアドレスと、接続を行っていることを確認した

2022/06/21に実施した侵入検知システムのログの調査で、疑わしいイベントが記録されていることがわかった。該当するイベントは2022/01/12から記録されていた

社内ネットワークの評価用セグメントでWiFiで接続している可能性が高い
地理的には12F-XXXXの可能性が高い

マルウェア感染や、機密情報の流出が懸念される
早急に端末を特定し、ネットワークから隔離する必要がある</td><td>□ 事業の停止
□ 事業の縮退（一部停止）
■ 事業の継続
背景・状況：</td></tr>
<tr><td>(s)-4. 顧客・取引先の被害</td><td>(s)-5. 自社の被害</td><td>(s)-6. 深刻度</td><td>(s)-7. 緊急度</td></tr>
<tr><td>□ 金銭的な被害
□ 詐欺行為など
□ 機密情報の漏えい
□ 業務停止
□ 脅迫行為
□ その他
□ なし
■ 不明</td><td>□ 金銭的な被害
□ 詐欺行為など
□ 機密情報の漏えい
□ 業務停止
□ 脅迫行為
□ 信用の失墜
□ 社会的責任
□ その他
□ なし（軽微）
■ 不明</td><td>□ S：すでに深刻な状況
□ A：深刻な影響の可能性
■ B：一定の影響がある可能性
□ C：軽微な影響の可能性
□ その他</td><td>□ S：即時対応
□ A：24時間以内の対応
□ B：3日以内の対応
■ C：1週以内の対応
□ その他</td></tr>
</table>

▼表C-2　シナリオ1：ステータスレポート（イニシャル）（続き）

顧客への影響	(i)-1. 影響の概要	(i)-2. 影響を受けるデータ量・被害者数	(i)-3. 影響を受ける被害者の特徴	(i)-4. 想定される二次被害
	不明	• データ量 不明 • 被害者数 不明	評価用セグメントを利用しているプロジェクトにかかわる取引先	顧客機密情報の流出 すでに侵入を受け、他の端末などを侵害している可能性がある
	(c)-1. 被害の確認方法	(c)-2. 被害者のワークアラウンド	(c)-3. 被害者が実施できる対策	(r)-5. 外部の専門家
	N/A	N/A	N/A	□ 公認会計士・税理士・税務署 □ 弁護士 □ 保険会社 □ 安全保障貿易情報センター □ 労働局 □ セキュリティ企業
外部への連絡・報告	(r)-1. 必須の連絡先監督官庁など	(r)-2. 取引先	(r)-3. 影響を受ける被害者	(r)-4. メディアなどの公知
	担当者： 報告先： □ 個人情報保護委員会 □ GDPR □ 監督官庁 □ 警察 ■ 不要 時間的な制約：	担当者：不明 取引先名： □ 第一報を即時入れる □ ある程度事実関係がわかった段階で報告を入れる ■ 確実な状況が把握できるまで連絡しない □ 不要	担当者：不明 □ 第一報を即時入れる □ ある程度事実関係がわかった段階で報告を入れる ■ 確実な状況が把握できるまで連絡しない □ 不要	担当者：広報 現段階では不明 □ メディア □ ホームページ □ SNSなど □ その他 影響を受けない顧客：
影響を受けるシステム	(t)-1. システムの名称	(t)-2. 情報流出の懸念	(t)-3. システム停止の懸念	(t)-4. システム侵害の懸念
	社内システム： 評価用セグメント • ビジネス面：不明 • 技術面：CISO	情報流出の懸念がある	現段階では懸念はない	すでに侵入している懸念がある
	(t)-5. 事故の原因・要因		(t)-6. 再発防止策（具体的）	
	現段階では不明		現段階では不明	

シナリオ1#2：E1. 端末の特定と対処

上記調査に基づいて、端末と利用者が特定できました。この状況を**表C-3**のイベントシートに記載します。

▼表C-3　シナリオ1：イベントシート（端末と利用者の特定）

項目	内容
概要	当該端末は、実験用に購入した中古のスマートフォンで、社員Bが利用しているものと判明した 当該スマートフォンを工場出荷時に初期化し、MDM導入を条件に利用を許可した
いつ（when）	2022/04/07に実施した調査で判明
どこで（where）	12F-XXXXのWiFiに接続されていた
誰が（who） （情報ソース）	CISOが調査を実施し、端末を特定後に情報セキュリティ委員会に報告した
何を（what）	中古で購入したスマートフォンにP2Pを利用するソフトがインストールされていた
どのように（how）	中古のスマートフォンを初期化せずに利用したため、以前の利用者がインストールしたソフトが動いていた。また、MDMの登録をせずに使用していた
なぜ（why）	社員Bは中古端末が信用できないことに考えが及ばなかった
補足事項	イベントは攻撃によるものではないと判断し、復旧を優先すると判断した

シナリオ1#2：E3-a2d. 原因・要因・背景・課題

シナリオ1の原因・要因・背景・課題について、**図C-2**を参考に分析をします。

▼図C-2　事件・事故の因果関係：イベント・原因・要因・背景・課題

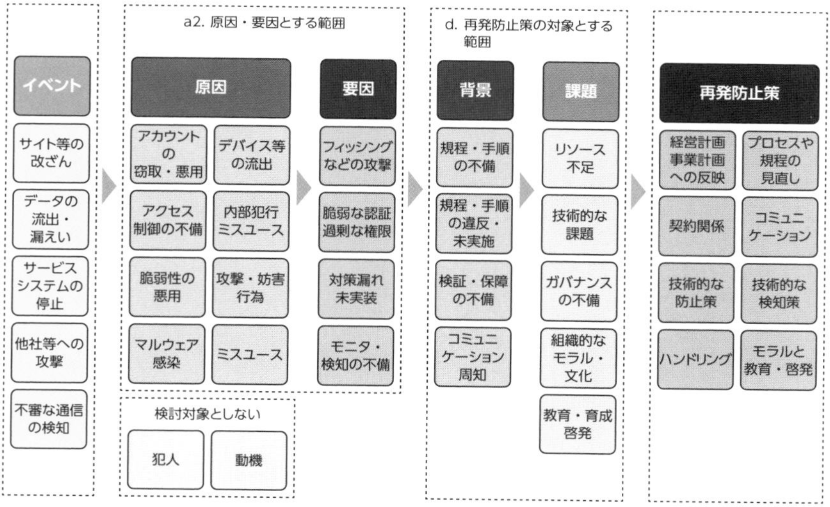

図C-2は、簡略化した項目を挙げたものなので、必ずしも個々の項目にこだわる必要はありません。原因・要因・背景・課題の各項目の関係性に着目して分析を行ってください。同じ内容が複数の項目に該当する場合は、無理に1つの項目に整理せず、それぞれを記載します。

以下に、シナリオ1についての原因・要因、背景・課題について考察します。

シナリオ1#2：E3-a2. 原因・要因の特定

シナリオ1の原因・要因として、ミスユース、モニタリング・検知の不備に着目します。

ミスユースと対策漏れ

直接の原因は、社員Bが中古のスマートフォンを初期化せずに、社内ネットワークで利用したことにあります。規程では社内ネットワークに接続する端末の登録を義務付けていますが、このスマートフォンは登録手続きが行われていませんでした。また、中古端末などを接続する際の手順が規程に記載されていませんでした。

モニタリング・検知の不備

考慮すべき要因として、侵入検知システムイベントの見逃しと、未登録端末検出の不備があります。侵入検知システムのHighイベントは対応手順が設けられていますが、Medium, Lowイベントのハンドリングについては、明確な手順が策定されていませんでした。

MDMをインストールすることで端末管理を行っていますが、MDM未実装の端末を検出・排除する技術的な仕組みが不十分でした。

シナリオ1#2：E3-c. 外部関係者

顧客にかかわる情報への影響はないと判断できたこと、システムの停止など社内外への影響がなかったことから、外部関係者へのコンタクトは不要と判断しました。

- (r)-1. 必須の連絡先：監督官庁など
  - 不要
- (r)-2. 取引先
  - 不要
- (r)-3. 影響を受ける被害者
  - N/A
- (r)-4. メディアなどの公知
  - 不要

シナリオ1#2: E3-d. 背景・課題・再発防止策

E3-d. 原因・要因に対する背景・課題について考察し、再発防止策を検討します。

背景と課題

ここまでにまとめた内容から、インシデントの背景と課題を考察します。

- 規程・手順の不備 -1：端末の登録漏れ
  - 背景：評価用器材を社内ネットワークに接続する際にも、端末の登録が必要であることが知られていなかった
  - 課題：PC に限らず、社内ネットワークに接続する端末は、登録する必要があることを周知する必要がある
- 規程・手順の不備 -2：中古端末の利用
  - 背景：規程に中古端末の利用禁止、または、初期化を義務付ける内容がない
  - 課題：規程に中古端末の利用禁止、または、初期化を義務付ける内容を追記する必要がある。併せて、セキュリティトレーニングの中で、事例として紹介し社員を啓発する
- 規程・手順の不備 -3：マルウェア感染時などの対処
  - 背景：端末の挙動が疑わしい場合や、マルウェア感染が確認された場合の初期化などの手順が不明瞭
  - 課題：初期化が必要なケースと対処手順について明文化が必要
- 規程・手順への違反：MDM の導入漏れ
  - 背景：端末の登録が行われず、MDM が導入されていなかった
  - 課題：MDM を導入していない場合は社内ネットワークへ接続できない仕組みを検討する。なお、PC は EDR の実装が義務付けられているため、EDR 未実装の PC も、社内ネットワークの接続からの排除を検討する
- 防止策・予防策の不備：侵入検知システムのイベントハンドリング
  - 背景：侵入検知システムのイベントは膨大であることから、High イベントのみ対応手順を策定し、Medium, Low イベントの対応手順は策定していない
  - 課題：P2P イベントを High にすることも考えられるが、P2P を使ってアップデートを行うシステムがあるため、このイベントを大量に拾うことになる。SIEM を導入することで、的確な対応が実施できないかを検討する。また、二次的な分析を実施する場合は、相応の人的リソースが必要となることも考慮する
- 検証・保証の不備：自動的なインベントリ
  - 背景：自動的なインベントリが実装されておらず、新たに接続された端末を認知できなかった

C

- 課題：社内ネットワークに接続された端末を、自動的に記録する仕組みを検討する
- コミュニケーション・周知：インシデントハンドリングの手順
  - 背景：今回のイベントは、CISO が独断で調査を実施した点に問題がある
  - 課題：インシデント調査を行う際には、情報セキュリティ委員会に報告をすべき
- 契約内容：セキュリティ違反に関する罰則規程
  - 背景：社員の軽微なセキュリティ違反に関する罰則が不明瞭
  - 課題：セキュリティ違反に対する責任を明文化し、軽微な事案でも文章での経緯説明などを求める内容を追記する

再発防止策の検討

上記、背景と課題に基づいて、再発防止策を検討します。

① 規程に関する再発防止策
- 中古端末の利用について規程を追記
- PC 以外の端末も登録が必要であることを明記する
- マルウェア感染端末などの事後処理を追記

② 技術的な防止に関する再発防止策
- 規程違反端末の社内ネットワークからの排除（MDM、EDR など）
ゲストセグメントへの接続は許可する

③ 技術的な検知に関する再発防止策
- 侵入検知システムイベントを含めた SIEM 対応の検討
- 接続端末を自動的に記録するインベントリを検討

④ ハンドリングとコミュニケーションに関する再発防止策
- 事件・事故の調査時の手順を明確化（セキュリティ委員会への報告など）

⑤ モラルと教育（啓発）に関する再発防止策
- 今回の事案を例として社員に周知
- 社内トレーニングにも取り入れる

⑥ 契約などに関する再発防止策
- 社員との契約において、軽微な規程違反に対する対処を明文化する

シナリオ1#2：E4. ステータスレポート

これまでの調査結果に基づいて、ステータスレポートをまとめます（**表C-4**）。#1イニシャルイベントで記載した内容を変更する場合は項目に#1, #2などと記載し、推移がわかるように記載してください。最新の情報で上書きすると、判断や対応の経緯がわからなくなり、インシデント報告書としてまとめる際や、状況を説明するときに正確な記載が難しくなります。

▼表C-4　シナリオ1：ステータスレポート（端末の発見と対処）（続く）

	(b)-1. 事業	**(b)-2. 情報の種類**	**(b)-3. システム停止の影響など**	**(b)-4. その他の事項**
対象事業	事業： #2 評価用セグメント #1 社内ネットワーク 担当責任者：石田 事業概要：業務全般 売上：100億円 顧客数：200人（社員）	□ 個人情報 □ クレジットカード情報など □ 顧客から預かった機密情報 □ 自社の機密情報 □ 公表済みの情報 □ 特定が困難（#1）（端末・メールなど） ■ その他：影響なし（#2） □ 不明	#2 システム停止の必要はない #1 社内ネットワークを停止した場合、業務全般に大きな影響がある なお、社外向けのサービスについては、パブリッククラウドを利用しているため、影響はない	• コンプライアンス #2 個人情報漏えいには相当しない。他コンプライアンスへの影響もないと判断 #1 不明 • 社会的影響 #2, #1 社会的な影響を与える可能性は極めて低い • その他
事業への影響	**(s)-1. 対応レベル**	**(s)-2. 状況・概要**		**(s)-3. 事業面の対応**
	□ 経営陣 □ 事業担当執行役員など □ 広報 ■ 情シス □ 法務・知財 □ 人事 □ 社員全般	#2 端末、利用者を特定。中古のスマフォ利用が原因。工場出荷時にリセットした #1 侵入検知システムのログに、疑わしい通信のイベントが、Mediumで記録されていることが判明した 当該IPアドレスは、多数の社外のIPアドレスと接続を行っていることを確認した 2022/06/21に実施した侵入検知システムのログの調査で、疑わしいイベントが記録されていることがわかった。該当するイベントは2022/01/12から記録されていた 社内ネットワークの評価用セグメント、WiFiで接続している可能性が高い 地理的には12F-XXXXの可能性が高い マルウェア感染や、機密情報の流出が懸念される 早急に端末を特定し、ネットワークから隔離する必要がある		□ 事業の停止 □ 事業の縮退（一部停止） ■ 事業の継続 背景・状況：
	(s)-4. 顧客・取引先の被害	**(s)-5. 自社の被害**	**(s)-6. 深刻度**	**(s)-7. 緊急度**
	□ 金銭的な被害 □ 詐欺行為など □ 機密情報の漏えい □ 業務停止 □ 脅迫行為 □ その他 ■ なし □ 不明	□ 金銭的な被害 □ 詐欺行為など □ 機密情報の漏えい □ 業務停止 □ 脅迫行為 □ 信用の失墜 □ 社会的責任 □ その他 ■ なし（軽微） □ 不明	□ S：すでに深刻な状況 □ A：深刻な影響の可能性 □ B：#1 一定の影響がある可能性 ■ C：#2 軽微な影響の可能性 □ その他	□ S：即時対応 □ A：24時間以内の対応 □ B：3日以内の対応 ■ C：1週以内の対応 □ その他

▼表C-4　シナリオ1：ステータスレポート（端末の発見と対処）（続き）

顧客への影響	**(i)-1. 影響の概要**	**(i)-2. 影響を受けるデータ量・被害者数**	**(i)-3. 影響を受ける被害者の特徴**	**(i)-4. 想定される二次被害**
	#2 実質的な影響なし #1 不明	• データ量 #2 実質的な影響なし #1 不明 • 被害者数 #2 実質的な影響なし #1 不明	#2 実質的な影響なし #1 評価用セグメントを利用しているプロジェクトにかかわる取引先	#2 実質的な影響なし #1 顧客機密情報の流出 すでに侵入を受け、他の端末などを侵害している可能性ある
	(c)-1. 被害の確認方法	**(c)-2. 被害者のワークアラウンド**	**(c)-3. 被害者が実施できる対策**	**(r)-5. 外部の専門家**
	N/A	N/A	N/A	□ 公認会計士・税理士・税務署 □ 弁護士 □ 保険会社 □ 安全保障貿易情報センター □ 労働局 □ セキュリティ企業
外部への連絡・報告	**(r)-1. 必須の連絡先監督官庁など**	**(r)-2. 取引先**	**(r)-3. 影響を受ける被害者**	**(r)-4. メディアなどの公知**
	担当者： 報告先： □ 個人情報保護委員会 □ GDPR □ 監督官庁 □ 警察 ■ 不要 時間的な制約：	担当者：不明 取引先名： □ 第一報を即時入れる □ ある程度事実関係がわかった段階で報告を入れる □ #1 確実な状況が把握できるまで連絡しない ■ #2 不要	担当者：不明 □ 第一報を即時入れる □ ある程度事実関係がわかった段階で報告を入れる □ #1 確実な状況が把握できるまで連絡しない ■ #2 不要	担当者：広報 #2 不要 #1 現段階では不明 □ メディア □ ホームページ □ SNSなど □ その他 影響を受けない顧客：
影響を受けるシステム	**(t)-1. システムの名称**	**(t)-2. 情報流出の懸念**	**(t)-3. システム停止の懸念**	**(t)-4. システム侵害の懸念**
	社内システム： 評価用セグメント • ビジネス面：不明 • 技術面：CISO	#2 情報流出の懸念はないと判断 #1 情報流出の懸念がある	#2 システム停止の懸念はない #1 現段階では懸念はない	#2 他に疑わしい通信がないことから、侵入の懸念はないと判断 #1 すでに侵入している懸念がある
	(t)-5. 事故の原因・要因		**(t)-6. 再発防止策（具体的）**	
	#2 社員が中古のスマートフォンを購入し、初期化せずに社内ネットワークに接続したことが原因 #1 現段階では不明		#2 • 規程面での対応 中古端末の是非、使用条件などを明確にする • 技術面での対応 接続された端末のインベントリと、未登録端末の切断について検討する #1 現段階では不明	

シナリオ1：E5. インシデント報告書の取りまとめ

状況や対応をインシデント報告書として取りまとめます。

実際の事件・事故の場合は、報告書の作成に時間を割くことができない場合もありますが、CISO-PRACTSIEは机上演習なので、必ずインシデント報告書を作成する時間を設けてください。

実際の事件・事故においても、作業内容を整理し適切な判断の行うためのツールとして、また、調査・対応の正当性・透明性を担保するためのエビデンスとして、逐次報告書を取りまとめ、情報セキュリティ委員会や経営陣に報告を行ってください。なお、事件・事故の当事者・関係者が社内にいるかもしれません。報告を行う際には、この点にも注意を払うようにしてください（**表C-5**）。

▼表C-5　シナリオ1：インシデント報告書（経営陣向けを想定）（続く）

対応責任者		CISO　石田
事件・事故の概要		評価用セグメントに接続されている機器に対して、情報漏えいや侵入被害の可能性があった 調査の結果、社員Bが業務用に設置したスマートフォンからの通信であることが判明。当該社員が、中古で購入した未登録の端末を初期化せずに利用していたことが原因 セグメント内の他の端末からは疑わしい侵入検知システムイベントは検知されていないことから、端末単独の通信であり、セグメント内の機器への影響はないものと判断した
影響を受ける事業	事業・インフラなど	評価用セグメントを利用しているプロジェクト・事業への影響が懸念されたが、事業への影響はないと判断した
顧客や取引先への影響	影響の概要	事業への影響はないと判断した
	影響を受ける被害者数と特徴	同上
	想定される二次被害	同上
	ワークアラウンド	N/A
	被害者への補償	N/A
事業への影響	事業の停止・再開の予定と根拠	ネットワークの停止などは実施していない バックドアなどのマルウェアが絡んでいる場合は、慎重な対応が求められるが、想定される影響が限定的であるため、ネットワークの遮断は行わず、端末の特定と対処を行った
	事業レベルの対応（営業停止、継続、縮退など）	特段の対応は実施していない
	財務面の影響	対応工数のみ
事件・事故の経緯	事件・事故の原因・要因（なぜ防げなかったのか）	・規程など 多様な事業領域があるため、社内ネットワークに接続する端末の制限ができない ・技術面 スマートフォンは、MDMの登録が義務付けられているが、これを強制する技術的な枠組みを用意していない 規程違反の端末を検出する仕組みが必要 侵入検知システムのイベントがMediumであるため、4か月にわたって見落としていた

▼表 C-5　シナリオ1：インシデント報告書（経営陣向けを想定）（続き）

事件・事故の経緯	実施した対処	評価用セグメント利用者にヒアリングを行い、当該社員が利用するスマートフォンからの通信であることを確認 ネットワーク接続を切り、初期化した上で再接続を実施した
	対応のタイムライン	別表として記載（表 C-6）
	再発防止策	① 規程に関する再発防止策 • 中古端末の利用について規程を追記する • PC 以外の端末も登録が必要であることを明記する • マルウェア感染端末などの事後処理を追記する ② 技術的な防止に関する再発防止策 • 規程違反端末の社内ネットワークからの排除 ③ 技術的な検知に関する再発防止策 • 侵入検知システムイベントを含めた SIEM の導入を検討する • 接続端末を自動的に記録するインベントリの検討 ④ ハンドリングとコミュニケーションに関する再発防止策 • 事件・事故の調査時の手順を明確化（セキュリティ委員会への報告など） ⑤ モラルと教育（啓発）に関する再発防止策 • 今回の事案を例として社員に周知 • 社内トレーニングへの取り入れ ⑥ 契約などに関する再発防止策 • 契約上の問題はなかった
責任関係	関係者の処分など	当該社員への注意と、再発防止を指示するにとどめた
対応の評価		CISO がハンドリングしたこともあり、情報セキュリティ委員会、経営陣へのエスカレーションを行わずに対応を行った点に問題がある 事象が発覚した時点で、インシデント対応に入ることを、情報セキュリティ委員会に報告すべきであった

▼表 C-6　シナリオ1：対応のタイムライン

日	時刻	担当者	
2022年4月10日	14:00頃	CISO 石田	別件で侵入検知システムのログを調べている中で、社内の特定 IP が社外との疑わしい通信を行っていることを確認 イベントは4か月ほど前から記録されていた
	15:00頃	情シス	IP アドレスから、以下の内容を分析 • MAC アドレス • 接続セグメント（評価用セグメント） • WiFi を利用している可能性が高い
	16:00頃	CSIRT	nmap を実施し、Android 端末の可能性が高いことを確認
	17:00頃	CISO 石田	侵入検知システムのログから、同一セグメント内の他の端末からは疑わしいイベントが記録されていないことを確認 緊急度を一段下げることを判断
2020年4月11日	11:00頃	CISO 石田	セグメント利用者にヒアリングを実施 社員が、実験用器材として設置した中古のスマートフォンが該当端末であることを確認 ネットワークから遮断し、工場出荷時にリセットを実施
	13:00頃	CISO 石田	侵入検知システムのログに当該イベントが記録されないことを確認
	15:00頃	CISO 石田	経緯と対応について、セキュリティ委員会、経営陣に報告

C-2 シナリオ2#1：HDD売却に伴う情報漏えい

シナリオ2は、元従業員によるHDD（ハードディスクドライブ）の売却が、機密情報の漏えいにつながった事例です。この事件は、HDD購入者からの「購入したHDDにビジネス文書が含まれている」との通報が起点となったものです。技術的な対処ができない事件・事故における、状況の確認と対応方法、公表の進め方など、参考にしたい点が多数記載されています。

なお、シナリオ2は「資料」に基づいて本書が創作したもので、必ずしも事実関係と一致しているとは限らない点に留意ください。

資料

- ラック（2022）、当社より流出した過去の情報について（https://www.lac.co.jp/news/2022/01/14_press_01.html）

シナリオ2#1：E1. イニシャルイベント

2021年10月31日の、フリーマーケットで購入したHDDに当社のビジネス文書が含まれている、との匿名の通報がイニシャルイベントになります（**表C-7**）。

▼表C-7　シナリオ2#1：イニシャルイベント

項目	内容
概要	フリーマーケットで購入したHDDに、ビジネス文書が入っていたという匿名の通報があった。提示されたスクリーンキャプチャから、当社のビジネス文書が保存されている可能性が高いと判断した
いつ（when）	2021/10/31に通報を受付
どこで（where）	フリーマーケットで入手したHDDに弊社のビジネス文書が含まれていた
誰が（who） （情報ソース）	HDDの購入者（通報者）
何を（what）	ビジネス文書などが含まれると考えられるHDD
どのように（how）	通報者がHDDの復元作業を行ったことで情報が復元されたと推測
なぜ（why）	不明
補足事項	

シナリオ2#1：E3-ab. イベントの特定と評価

#1イニシャルイベントの内容では、a1. イベントの特定、a2. 原因の特定、b. 深刻度・緊急度の評価を行うことは困難です。特定と評価をスキップし、ステータスレポートとして状況をまとめることにします。

C

シナリオ2#1：E4. ステータスレポート

イベント#1からステータスレポートを作成します（**表C-8**）。不明な内容も多い状況ですが、不明であることも重要な情報です。わからないこと、確定していないことはその旨を記載するようにします。

▼表C-8　シナリオ2：ステータスレポート（1.通報者から連絡を受けた段階の評価）（続く）

	(b)-1.事業	(b)-2.情報の種類	(b)-3.システム停止の影響など	(b)-4.その他の事項
対象事業	事業：事業全般 担当責任者： 代表取締役 事業概要： セキュリティソリューションサービス、システムインテグレーションサービス 売上：約400億円 顧客数：非公開	■ 個人情報 □ クレジットカード情報など ■ 顧客から預かった機密情報 ■ 自社の機密情報 □ 公表済みの情報 ■ 特定が困難（端末・メールなど） □ その他 □ 不明	HDD単体の問題であるため、現段階ではシステム停止などは想定していない	• コンプライアンス 個人情報漏えいに相当する可能性あり • 社会的影響 社会的な影響を与える可能性は低いが、大きなニュースとなる可能性がある • その他
事業への影響	**(s)-1. 対応レベル**	**(s)-2. 状況・概要**		**(s)-3. 事業面の対応**
	■ 経営陣 □ 事業担当執行役員など ■ 広報 ■ 情シス ■ 法務・知財 □ 人事 □ 社員全般	取引先の機微な情報が含まれる場合、取引先に深刻な影響が及ぶだけではなく、弊社の評判を落とし、ビジネスに深刻な影響を与える可能性がある		□ 事業の停止 □ 事業の縮退（一部停止） ■ 事業の継続 背景・状況
	(s)-4. 顧客・取引先の被害	**(s)-5. 自社の被害**	**(s)-6. 深刻度**	**(s)-7. 緊急度**
	□ 金銭的な被害 ■ 詐欺行為など ■ 機密情報の漏えい □ 業務停止 ■ 脅迫行為 □ その他 □ なし（軽微） □ 不明	■ 金銭的な被害 □ 詐欺行為など ■ 機密情報の漏えい ■ 業務停止 ■ 脅迫行為 ■ 信用の失墜 ■ 社会的責任 □ その他 □ なし □ 不明	□ S：すでに深刻な状況 ■ A：深刻な影響の可能性 □ B：一定の影響がある可能性 □ C：軽微な影響の可能性 □ その他	■ S：即時対応 □ A：24時間以内の対応 □ B：3日以内の対応 □ C：1週以内の対応 □ その他
顧客への影響	**(i)-1. 影響の概要**	**(i)-2. 影響を受けるデータ量・被害者数**	**(i)-3. 影響を受ける被害者の特徴**	**(i)-4. 想定される二次被害**
	不明	• データ量：不明 • 被害者数：不明	業務用PCのバックアップと推測されるため、特定の従業員が担当した顧客が影響を受ける	報告者からの情報流出や、顧客に対する脅迫行為が行われる可能性がある
	(c)-1. 被害の確認方法	**(c)-2. 被害者のワークアラウンド**	**(c)-3. 被害者が実施できる対策**	**(r)-5. 外部の専門家**
	有効な対策はない	有効な対策はない	N/A	□ 公認会計士・税理士・税務署 ■ 弁護士 □ 保険会社 □ 安全保障貿易情報センター □ 労働局 □ セキュリティ企業

▼表C-8　シナリオ2：ステータスレポート（1.通報者から連絡を受けた段階の評価）（続き）

外部への連絡・報告	**(r)-1. 必須の連絡先 監督官庁など**	**(r)-2. 取引先**	**(r)-3. 影響を受ける被害者**	**(r)-4. メディアなどの公知**
	担当者： 報告先： ■ 個人情報保護委員会 □ GDPR ■ 監督官庁（経済産業省） □ 警察 □ 不要 時間的な制約： 速報3～5日、確報30日以内	現段階では一部のみ判明 担当者：各取引先の営業窓口 □ 第一報を即時入れる ■ ある程度事実関係がわかった段階で報告を入れる □ 確実な状況が把握できるまで連絡しない □ 不要	取引先全般	検討中 担当者： □ メディア □ ホームページ □ SNSなど □ その他 影響を受けない顧客：
影響を受けるシステム	**(t)-1. システムの名称**	**(t)-2. 情報流出の懸念**	**(t)-3. システム停止の懸念**	**(t)-4. システム侵害の懸念**
	社内システム：なし • ビジネス面：不明 • 技術面：CISO	流出したものと考えられる	現段階では懸念はない	現段階では懸念はない
	(t)-5. 事故の原因・要因		**(t)-6. 再発防止策（具体的）**	
	詳細は不明だが、従業員または関係者が業務で使用したHDDをフリーマーケットで売却した模様		現段階では不明	

シナリオ2#2：E1. イベント：HDDの回収

通報者との交渉により、12月17日にHDDを回収し、12月19日に流出データ内容の調査を終了しました。

通報者の手元にあった流出情報は、第三者へ渡っておらず、すべて破棄されたことを確認しています。並行して実施した社内調査により、元社員が業務データを個人利用のオンラインストレージにバックアップしたところ、自宅で利用してたHDDにも業務データがコピーされていたこと、その後、このHDDを初期化しフリーマーケットで売却したことが判明しました。通報者から回収したHDDと、元社員がフリーマーケットで売却したHDDの機種、シリアル番号が一致したため、情報流出経路が特定できました。

最終的に、流出元となった元社員および通報者の手元にあった流出情報は、第三者へ渡っておらず、すべて破棄されたことを確認しました（**表C-9**）。

▼表C-9　シナリオ2#2：HDDの回収

項目	内容
概要	通報者との交渉により、12月17日にHDDを回収し、12月19日に流出データの調査を終了 通報者の手元にあった流出情報は、第三者へ渡っておらず、すべて破棄されたことを確認。並行して実施した社内調査により、元社員が業務データを個人所有のHDDに保管し、フリーマーケットで売却したことが判明。通報者から回収したHDDと、元社員がフリーマーケットで売却したHDDの機種、シリアル番号が一致したため、情報流出経路が特定できた 最終的に、流出元となった元社員および通報者の手元にあった業務関連情報は、第三者へ渡っておらず、すべて破棄されたことを確認した
対象 いつ（when） どこで（where） なぜ（why） 誰が（who） 何を（what） どのように（how）	通報者が所有するHDD 2021/12/17 N/A 顧客などの情報の流出を防ぐため 弊社担当者が 当該HDDを 回収した
対象 いつ（when） どこで（where） なぜ（why） 誰が（who） 何を（what） どのように（how）	通報者がHDDから取得した情報 2021/12/xx N/A 顧客などの情報の流出を防ぐため 弊社担当者が弁護士を通じて 通報者がHDDから取得した情報 第三者への漏えいがないことを確認し、 情報の削除と流出を防止するための契約を締結した
対象 いつ（when） どこで（where） なぜ（why） 誰が（who） 何を（what） どのように（how） 補足事項	HDDを売却した社員とHDDの特定 2021/12/xx 不明 情報流出の経路と流出範囲を特定するため 弊社担当者が 通報者が売却したHDDが 通報者が所有するHDDと一致することをシリアル番号で確認した 元社員は、新しいPCを利用する際に、業務データを個人利用のオンラインストレージにバックアップした。オンラインストレージは、元社員が個人所有するPCに接続したHDDと同期する設定になっていたが、元社員はこれを失念し、当該HDDを初期化し売却した。
対象 いつ（when） どこで（where） なぜ（why） 誰が（who） 何を（what） どのように（how）	HDDを販売した社員が所有する取引先情報など 2021/12/xx 不明 顧客などの情報の流出を防ぐため 弊社担当者と弁護士が HDDを売却した社員が所有する取引先情報など 他のデータを保持していないことを確認 退職時の誓約書に沿って外部へ出さないことを確認
補足事項	HDDの分析結果 ・今回流出したHDDは1台 ・確認されたファイルは、2003年〜2017年の間に作成されたもの ・復元されたビジネス文書：2,069件 ・うち取引先のビジネス文書：628件 ・個人情報：最大1,000件 ・当社社員および取引先社員の会社名、部署名、氏名または姓、メールアドレス、会社の電話番号

シナリオ2#2：E3 a, b, c　イベントの特定と対応

イベント#2により、明らかになった状況を整理します。

- E3-a1. イベントの特定
  - 技術視点でのイベントの特定
    - 業務データをバックアップした個人所有のHDDをフリーマーケットで売却
    - データ消去が不十分であったことから、購入者がデータを復旧できたと考えられる
  - 情報視点でのイベントの特定
    - 個人情報および、取引先にかかわる機密情報が第三者の手に渡っていた
- E3-a2. 原因・要因の特定
  - 技術視点の原因・要因
    - ボリュームレベルの暗号化が実施されていなかった
    - データ消去方法が適切ではなかった
    - 業務データの複製を防止する技術を導入していなかった
  - 事業視点の原因・要因
    - 規程に反して、業務データを個人所有のHDDにバックアップした
    - 業務データをバックアップしたHDDを売却した
    - プロジェクト終了時のデータ消去手順が万全ではなかった
- E3-b. 深刻度・緊急度の評価
  - 通報者からデータが流出していないことを確認し、今後も流出しないことを契約として担保を取り、元社員についても他に業務データを所有していないことを確認した。これにより、情報が外部に流出することは防止できたと判断できる
  - 深刻度・緊急度とも対策済みとした
- E3-c1. イベントへの対応・対処
  - 該当する顧客や取引先が実施できる対応はない
  - HDDの確保
    - 通報者との交渉を通じてHDDを回収した
  - 外部への流出の防止
    - 通報者とは弁護士を通じて契約を締結
    - 元社員が他のデータを保持していないことを確認の上、退職時の誓約書に沿って業務上知り得た情報を外部へ出さないことを確認
    - 調査終了後、当該HDDを記録情報を含め完全に破壊
  - 流出した機器と情報
    - 通報者とは、ハードディスク回収と同時に、復元時に発生した流出情報のデータ

C

をすべて削除し、かつ情報を拡散しない旨の契約を、弁護士を通じて取り交わした。元社員の所有する他の機器に、流出情報が残っていないことを調査し、過去に業務で知り得た情報も退職時の誓約書に沿って一切外部へ出さないことを確認した

- 回収したハードディスクと記録されていた情報については、当事案にかかわる対応がすべて完了した後、復旧できないようにハードディスクを記録情報を含め完全に破壊した

- E3-c2. 外部の関係者
  - 官公庁など
    個人情報流出の可能性があると判断し、個人情報保護委員会、経済産業省への報告を行った（「Annex E　個人情報に係る報告義務について」を参照）
  - 顧客・取引先
    影響を受けた取引先に個別に謝罪し、事件の経緯と再発防止策を伝えた
- メディアなど
  ホームページに公表したことに加え、取材への対応を行った

シナリオ2#2：E3-d. 背景・課題・再発防止策

シナリオ2については、規程、技術の双方で再発防止が難しい面があります。このレポートでは、“社外への情報流出を防止するために、業務データの複製の制限と監視の技術的対策の強化、および社員の異動や退職時などの機器の回収や情報廃棄など社内プロセスの強化により再発防止を図る。”としています。

ここでは、再発防止策として検討すべきポイントについて、規程面と技術面から考察します。

背景と課題

- 規程・手順の不備 -1：プロジェクト終了時のデータ消去
  - 背景：退職時にデータ消去の誓約を取っているが、削除されずに残ってしまった
  - 課題：プロジェクトなどが終了した際の業務データの扱いを見直す必要がある。すべて削除することは難しいかもしれないが、個人の PC からは削除する手順が必要（管理されたファイルサーバーに必要なファイルだけを残す）
    データ区分（格付け）が適切に定義され、運用されていることも確認する必要がある
- 規程・手順への違反 -1：業務データの個人資産へのバックアップ
  - 背景：業務データの個人資産へのバックアップを禁止する技術的な施策が実装されていなかった
  - 課題：技術的な施策を検討するとともに、オフィシャルなオンラインストレージを導入することでバックアップを不要とすることを検討する

- 規程・手順への違反 -2：個人契約のオンラインストレージの利用
  - 背景：バックアップを目的に、個人契約のオンラインストレージを利用していた。オンラインステージの同期機能により個人所有の HDD に業務データが複製された
  - 課題：オフィシャルなオンラインストレージを導入する
- 防止策・予防策の不備：HDD の不十分な消去
  - 背景：HDD を適切に初期化していれば、業務情報の流出はなかった
  - 課題：適切な HDD などの消去手順を定めて教育する
- 防止策・予防策の不備：HDD の暗号化
  - 背景：HDD が暗号化されていれば、業務情報の流出はなかった
  - 課題：業務で利用する端末は、グループポリシーや MDM を利用して、ボリュームレベルの暗号化（BitLocker など）を強制する
    個人利用の PC についても、万一に備えてボリュームレベルの暗号化を実施するように教育する

再発防止策

① 規程に関する再発防止策

- プロジェクト終了時のデータ消去規程を設ける
- 個人契約のオンラインストレージなどの利用を禁止する（個人管理のデバイスへの業務データの複製禁止は規程済み）
- HDD などの消去手順を定める

② 技術的な防止に関する再発防止策

- 正規のオンラインストレージを用意し、バックアップや個人契約のオンラインストレージを必要としない環境にする
- グループポリシーや MDM で、ボリュームレベルの暗号化を強制する

③ 技術的な検知に関する再発防止策

- N/A

④ コミュニケーションに関する再発防止策

- N/A

⑤ モラルと教育（啓発）に関する再発防止策

- 事例として、本事件を社内に啓発する
- 個人利用の PC/HDD などにも暗号化を実施するように教育する
- HDD などの安全な初期化について教育する

⑥ 契約などに関する再発防止策

- 社員規程や誓約書を見直し、同様の事件の防止や対応に必要な対応を検討する

シナリオ2#2：E4. ステータスレポート

ここまでの調査結果などに基づいて、ステータスレポートを作成します（**表C-10**）。

▼表C-10　シナリオ2：ステータスレポート（1. 通報者から連絡を受けた段階の評価）（続く）

<table>
<tr><th></th><th>(b)-1. 事業</th><th>(b)-2. 情報の種類</th><th>(b)-3. システム停止の影響など</th><th>(b)-4. その他の事項</th></tr>
<tr><td>対象事業</td><td>事業：事業全般
担当責任者：
代表取締役
事業概要：
セキュリティソリューションサービス、システムインテグレーションサービス
売上：約400億円
顧客数：非公開</td><td>■ 個人情報
□ クレジットカード情報など
■ 顧客から預かった機密情報
■ 自社の機密情報
□ 公表済みの情報
■ 特定が困難（端末・メールなど）
□ その他
□ 不明</td><td>#2 なし
#1 HDD単体の問題であるため、現段階ではシステム停止などは想定していない</td><td>• コンプライアンス
#2 個人情報漏えいに相当する
#1 個人情報漏えいに相当する可能性あり
• 社会的影響
社会的な影響を与える可能性は低いが、大きなニュースとなる可能性がある
• その他</td></tr>
<tr><td rowspan="4">事業への影響</td><td>(s)-1. 対応レベル</td><td colspan="2">(s)-2. 状況・概要</td><td>(s)-3. 事業面の対応</td></tr>
<tr><td>■ 経営陣
□ 事業担当執行役員など
■ 広報
■ 情シス
■ 法務・知財
□ 人事
□ 社員全般</td><td colspan="2">#2 通報者および元社員から情報の流出がないことが確認できた
#1 取引先の機微な情報が含まれる場合、取引先に深刻な影響が及ぶだけではなく、弊社の評判を落とし、ビジネスに深刻な影響を与える可能性がある</td><td>□ 事業の停止
□ 事業の縮退（一部停止）
■ 事業の継続
背景・状況</td></tr>
<tr><td>(s)-4. 顧客・取引先の被害</td><td>(s)-5. 自社の被害</td><td>(s)-6. 深刻度</td><td>(s)-7. 緊急度</td></tr>
<tr><td>□ 金銭的な被害
■ 詐欺行為など
■ 機密情報の漏えい
□ 業務停止
■ 脅迫行為
□ その他
□ 不明</td><td>■ 金銭的な被害
□ 詐欺行為など
■ 機密情報の漏えい
■ 業務停止
■ 脅迫行為
■ 信用の失墜
■ 社会的責任
□ その他
□ なし（軽微）
□ 不明</td><td>□ S：すでに深刻な状況
■ A：深刻な影響の可能性
□ B：一定の影響がある可能性
□ C：軽微な影響の可能性
□ その他</td><td>■ S：即時対応
□ A：24時間以内の対応
□ B：3日以内の対応
□ C：1週以内の対応
□ その他</td></tr>
</table>

▼表C-10　シナリオ2：ステータスレポート（1. 通報者から連絡を受けた段階の評価）（続き）

顧客への影響	**(i)-1. 影響の概要**	**(i)-2. 影響を受けるデータ量・被害者数**	**(i)-3. 影響を受ける被害者の特徴**	**(i)-4. 想定される二次被害**
	#2 流出したデータを回収することができたため、顧客への影響はなくなったと判断 万一、対応ができなかった場合は、大きな影響を与えた可能性が高い #1 不明	#2 • HDD1台 • 2003年～2017年に作成されたファイル • ビジネス文書：2,069件 • 内取引先：628件 • 個人情報：最大1,000件 • 当社社員および取引先社員の会社名、部署名、氏名または姓、メールアドレス、会社の電話番号 #1 • データ量：不明 • 被害者数：不明	#2 当該元社員が関与した顧客 #1 業務用PCのバックアップと推測されるため、特定の従業員が担当した顧客が影響を受ける	#2 通報者、元社員からの流出がないことを担保し、今後も流出がないように対応を行った これにより、二次被害の懸念は、ほぼなくなったと想定される #1 報告者から情報の流出や、顧客に対する脅迫行為が行われる可能性がある
顧客への影響	**(c)-1. 被害の確認方法**	**(c)-2. 被害者のワークアラウンド**	**(c)-3. 被害者が実施できる対策**	**(r)-5. 外部の専門家**
	#2 不要 #1 有効な対策はない	#2 不要 #1 有効な対策はない	N/A	☐ 公認会計士・税理士・税務署 ■ 弁護士 ☐ 保険会社 ☐ 安全保障貿易情報センター ☐ 労働局 ☐ セキュリティ企業
外部への連絡・報告	**(r)-1. 必須の連絡先監督官庁など**	**(r)-2. 取引先**	**(r)-3. 影響を受ける被害者**	**(r)-4. メディアなどの公知**
	担当者： 報告先： ■ 個人情報保護委員会（済） ☐ GDPR ■ 監督官庁（経済産業省）（済） ☐ 警察 ☐ 不要 時間的な制約： 速報3～5日、確報30日以内	担当者：未公開 ■ #2 報告を行った ☐ 第一報を即時入れる ☐ #1 ある程度事実関係がわかった段階で報告を入れる ☐ 確実な状況が把握できるまで連絡しない ☐ 不要	#2 取引先に該当と判断	担当者：広報（未公表） ■ #2 メディア メディアの取材に対応 ■ #2 ホームページ ☐ SNSなど ☐ その他 影響を受けない顧客：
影響を受けるシステム	**(t)-1. システムの名称**	**(t)-2. 情報流出の懸念**	**(t)-3. システム停止の懸念**	**(t)-4. システム侵害の懸念**
	社内システム：なし • ビジネス面：不明 • 技術面：CISO	#2 流出した情報は回収し、さらなる流出の懸念はないと判断 #1 機微情報を含む流出の懸念あり	#2 なし #1 現段階では懸念はない	#2 なし #1 現段階では懸念はない
	(t)-5. 事故の原因・要因		**(t)-6. 再発防止策（具体的）**	
	#2 元社員が業務用PCのバックアップをプライベートなオンラインストレージに実施。このバックアップがオンラインストレージにより個人所有のPCに接続されたHDDにも同期されていた #1 詳細は不明だが、従業員または関係者が業務で使用したHDDをフリーマーケットで売却した		#2 規程・手順の見直し 技術的な対策の検討 #1 現段階では不明	

シナリオ2：E5. インシデント報告書の取りまとめ

想定したクールが終了した段階で、インシデント報告書を作成します（**表C-11**）。

▼表C-11　シナリオ2：インシデント報告書（経営陣向けの報告を想定）（続く）

対応責任者		（未公表）
事件・事故の概要		2021年10月31日、フリーマーケットで購入したHDDに、当社のビジネス文書が入っていたという匿名の通報があり、その根拠として提供された一部のビジネス文書のスクリーンキャプチャ画像を元に調査した結果、11月2日に当社からの情報流出があったものと判断しました。 その後、通報者との交渉の結果、12月17日にHDDを回収し、12月19日に流出データ内容の調査を終えました。 通報者の手元にあった流出情報は、第三者へ渡っておらず、すべて破棄されたことを弁護士を通じて確認しました。 並行して、情報の流出元についての社内調査を行った結果、当社の元社員が業務上のビジネス文書を個人所有のHDDに保管し、その後HDDをフリーマーケットで売却していたことが判明しました。 通報者から回収したHDDと、元社員が売却したHDDの機種、シリアル番号が一致したため、情報流出経路も明らかとなりました。 最終的に、流出元となった元社員および通報者の手元にあった流出情報は、第三者へ渡っておらず、すべて破棄されたことを弁護士を通じて確認しました。 【情報流出の概要】 ・今回流出したHDDは1台 ・確認されたファイルは、2003年～2017年の間に作成されたもの ・復元されたビジネス文書：2,069件 ・うち取引先のビジネス文書：628件 ・個人情報：最大1,000件 ・当社社員および取引先社員の会社名、部署名、氏名または姓、メールアドレス、会社の電話番号
影響を受ける事業	**事業・インフラなど**	企業活動全般、ブランドの棄損 顧客との信頼関係を失い、ビジネス機会の損失や、レピュテーションの問題が起きることが懸念された
顧客や取引先への影響	**影響の概要**	実被害がないことを確認した
	影響を受ける被害者数と特徴	取引先：2,069件　個人情報：最大1,000件 2003年～2017年に作成されたファイル
	想定される二次被害	二次被害の防止ができたと判断
	ワークアラウンド	N/A
	被害者への補償	N/A
事業への影響	**事業の停止・再開の予定と根拠**	事業を継続した 該当する顧客には個別に報告と謝罪を行った
	事業レベルの対応（営業停止、継続、縮退など）	同上
事件・事故の経緯	**事件・事故の原因・要因（なぜ防げなかったのか）**	・規程など 元社員が業務用PCの入れ替え時に、規程に反し業務データを個人のオンラインストレージに保存し、個人所有PCと同期をした結果、個人所有のHDD上に業務データのバックアップが保存された 当該HDDを売却したところ、データ消去が不完全であったことから情報流出に至った ・技術面 許可されない業務データの複製を防止するための技術的対策が不十分であった
	実施した対処	通報者からHDDを回収し、流出データをすべて削除し、かつ情報を拡散しない旨の契約を、弁護士を通じて取り交わした。また、元社員の所有する他の機器にも、流出情報が残っていないことを調査し、過去に業務で知り得た情報も退職時の誓約書に沿って一切外部へ出さないことを確認した
	対応のタイムライン	別表として記載（図C-3）
	再発防止策	E3-d. 再発防止策として記載

▼表C-11　シナリオ2：インシデント報告書（経営陣向けの報告を想定）（続き）

責任関係	**関係者の処分など**	元社員の所有する他の機器にも、流出情報が残っていないことを調査し、過去に業務で知り得た情報も退職時の誓約書に沿って一切外部へ出さないことを確認
対応の評価		

タイムライン

▼図C-3　シナリオ2：HDD転売のタイムライン

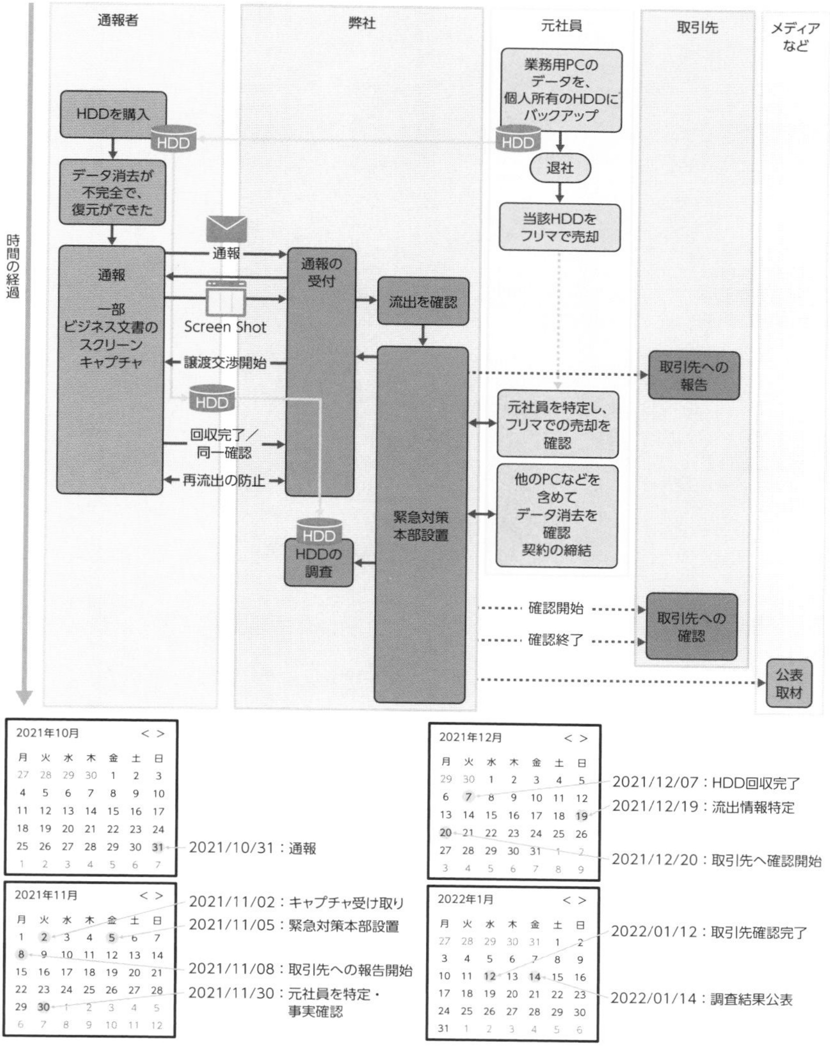

Annex D 仮想企業を使った実習例

CISO-PRACTSIEでは、「己を知る：最悪の事態から逆算」するために、ドキュメント・プロファイル、リスク・プロファイルを行います。プロファイルは予想外に大変な作業なので、ワークショップの全体像の見通しが立たない段階では、つらい作業になるかもしれません。

また、自社を題材にしたワークショップでは、参加者は思い切った発言が難しいかもしれません。たとえば、同僚に対して、情シスのレベルが低い、経営計画に問題がある、時代遅れの情報しか持っていない、などとは、なかなか言えません。

Annex Dでは、CISO-PRACTSIEを試行していただく題材として、仮想企業「(株)JNSAアーキテクト」を設計し、ドキュメント・プロファイルと、リスク・プロファイルを例示しています。まずはワークショップ事務局で、この題材を使ったワークショップを試行してください。次のステップとして、短時間で実施できるミニワークショップに展開することで、中心的な役割を期待する参加者の理解を促すことも効果的です。ワークショップを進めるにあたっては、進行役が重要な役割を担うことになります。段階的にワークショップを進めながら、適切なファシリテートができるように努めてください。

なお、例示した内容に不備がある場合は、収集した情報に不備があったものとして扱い、ワークショップを進めながら必要な修正を行うか、改善すべき課題としてください。

D-1　（株）JNSAアーキテクト基本情報（表D-1、表D-2）

▼表D-1　JNSAアーキテクト　会社概要

社名	株式会社JNSAアーキテクト	
設立	2000年4月13日	
本社所在地	〒105-0003　東京都港区西新橋	
資本金	3億円	
従業員数	270名	
平均年齢	42歳	
事業内容	PCオンラインゲームの開発及びサービスの提供 モバイルゲームの開発及びサービスの提供	
役員（2022年4月1日時点）		
	代表取締役会長（CEO）	田中 英彦
	代表取締役CFO	下村 正洋
	取締役	中尾 康二
		髙橋 正和
	社外取締役	本川 祐治
		林 佳子
	（監査等委員）	土井 充

▼表D-2　組織構成

組織	責任者	主要なメンバー
財務・経理	下村 CFO	黒川D
法務（知財、輸出入管理を含む）	下村 CFO	稲葉D
人事	下村 CFO	三宅M、桜井M
総務	中尾 取締役	川内M、元持M
広報	小屋 執行役員	唐澤M
ゲーム事業部	佐々木 執行役員	中村D、福沢M
システム開発部	藤井 開発本部長	GanGan開発G（後藤M） SokoSoko開発G（金子M）
システム運用部	青島D	GanGan運用G（山口） SokoSoko運用G（前田）
情シス	矢野 CIO	佐藤M、鈴木M
セキュリティ	石田 CISO	辻井D、駒瀬M
CSIRT	石田 CISO	平山、大和、吉田
GanGan事業部	田中 CEO	井上D、野間D、平山M
SokoSoko事業部	高橋 事業部長（取締役）	森山D、前川M
データ保護管理責任者	堀口DPO	

D-2 Pd. ドキュメント・プロファイル

JNSAアーキテクトの、一般的な規程類、コミュニケーション方法、技術資料、情報資産管理台帳などをプロファイルします。

Pd1. 規程類・手順のプロファイル

Pd1-a. 基本的な規程類

JNSAが公表している、「情報セキュリティポリシーサンプル改版（1.0版）」[注1]をセキュリティポリシーとして採用することとします（**表D-3**）。

▼表D-3　情報セキュリティポリシー（出典：JNSA[注1]）

01_情報セキュリティ基本方針	08_セキュリティインシデント報告・対応規程
01_情報セキュリティ方針	09_システム変更管理規程
02_人的管理規程	10_システム開発規程
03_外部委託先管理規程	11_システム管理規程
04_文書管理規程	12_ネットワーク管理規程
05_監査規程	13_システム利用規程
06_物理的管理規程	14_スマートデバイス利用規程
07_リスク管理規程	15_SNS利用規程

Pd1-b ①コミュニケーション方法

緊急時の対応については、情報セキュリティポリシー「08_セキュリティインシデント報告・対応規程」の「4.2　事象の検知、報告と分析」で、以下のように定義しています。

ワークショップでは、事務局が適切な演習の実行責任者（CISOなど）を決め、実行責任者の指示に基づいて演習を進めるようにしてください。

> *セキュリティインシデント、あるいは発生が疑われる事象を検知したものは、情報セキュリティ委員会に遅滞なく報告しなければならない。*
> *情報セキュリティ委員会は、報告されたセキュリティインシデントに応じ、策定した対応手順に従い、被害の特定、原因の分析を行う。*
> *なお、策定した対応手順に該当しないセキュリティインシデントの場合、情報セキュリティ委員会は、そのための実行責任者を任命し、対応組織を始動し、被害の特定、原因の分析を行う。*
> *検知したセキュリティインシデント情報、原因の分析状況について、実行責任者のもと、一元的に収集、管理する。*

注1　JNSA（2016）、情報セキュリティポリシーサンプル改版（1.0版）（https://www.jnsa.org/result/2016/policy/）

Pd1-b ②コンタクト先一覧

JNSAアーキテクツの関係者とコンタクト方法は**表D-4**のとおりです。

▼表D-4　コンタクト先とコンタクト方法

コンタクト先	氏名	連絡方法	（窓口）
経営者	田中CEO	メール：tanaka@jnsa-architect.com ビジネスチャット：@tanaka 電話：090-xxx-xxxx	緊急の場合を除き電話はNG アポイントは、原則秘書の木村さん経由で
情報セキュリティ委員会	正：石田CISO	メール：ishida@jnsa-architect.com ビジネスチャット：@ishida 電話：090-xxx-xxxx	
	副：中尾取締役	メール：nakao@jnsa-architect.com ビジネスチャット：@nakao 電話：090-xxx-xxxx	
プライバシー責任者	石田CISO	情報セキュリティ委員会を参照	
経営陣	下村CFO	メール：shimomura@jnsa-architect.com ビジネスチャット：@shimomura 電話：090-xxx-xxxx	アポイントは、原則秘書の佐々木さん経由で
	中尾取締役	情報セキュリティ委員会を参照	
	高橋取締役	メール：takahashi@jnsa-architect.com ビジネスチャット：@takahashi 電話：090-xxx-xxxx	メールの見落としが多いので、チャットを使うこと。急ぎの場合は電話
広報	小屋執行役員	メール：terakoya@jnsa-architect.com ビジネスチャット：@koryakoya 電話：090-xxx-xxxx	
	唐澤M	メール：karasawa@jnsa-architect.com ビジネスチャット：@karasawa 電話：090-xxx-xxxx	
法務	稲葉D	メール：inaba@jnsa-architect.com ビジネスチャット：@inaba 電話：090-xxx-xxxx	
社外取締役	本川取締役 林取締役	メール：motokawa@example.com ビジネスチャット：N/A 電話：090-xxx-xxxx メール：inaba@examplecom ビジネスチャット：N/A 電話：090-xxx-xxxx	
外部専門家	ERS緊急対応サービス	メール：jnsa-ers@ers.example.com ビジネスチャット：N/A 電話090-xxx-xxxx	平日：9:00-17:00 上記以外は別料金
監督官庁	個人情報保護委員会	ホームページ　漏えいなどの対応から報告 https://www.ppc.go.jp/personalinfo/legal/leakAction/	

Pd1-c. 通報・連絡を受ける窓口

▼表 D-5　外部の窓口

窓口名		窓口：担当者	電話
一般的な窓口	代表・大代表	総務：川内M	電話：03-xxx-xxxx info@jnsa-architect.com
	顧客窓口	総務：元持M	電話：03-xxx-xxxx info@jnsa-architect.com
	サポート窓口	運用G：前田	support@jnsa-architect.com
	広報窓口	広報：唐澤M	電話：03-xxx-xxxx pr@jnsa-architect.com
	採用窓口	人事：桜井M	電話：03-xxx-xxxx hr@jnsa-architect.com
セキュリティ関係の窓口	CSIRT	CSIRT：平山	security@jnsa-architect.com
	セキュリティ窓口	CSIRT：平山	security@jnsa-architect.com
個人情報関係の窓口	プライバシー窓口	法務：稲葉D	privacy@jnsa-architect.com
	データ保護責任者	堀口DPO	dpo@jnsa-architect.com
	EU代理人	eu-agent社	jnsa-architect@eu-agent.example.com

▼表 D-6　社内の窓口

顧客担当	ゲーム事業部：福沢M	電話：090-xxxx-xxxx fukuzawa@jnsa-architect.com
ヘルプデスク	情シス：佐藤M	電話：080-xxxx-xxxx satoh@jnsa-architect.com
情シス	情シス：鈴木M	電話：080-xxxx-xxxx suzuki@jnsa-architect.com
CSIRT	CSIRT：平山	電話：090-xxxx-xxxx hirayama@jnsa-architect.com

Pd2. システム・セキュリティ施策のプロファイル

P2システム・セキュリティ対策のプロファイルで収集する情報を以下にまとめます。

Pd2-a. 技術資料・情報資産管理台帳

JNSAアーキテクトの主要な技術資料の状況を**表D-7**に記載します。

▼表 D-7　技術資料

一般的な名称	ドキュメント名	保存場所・アクセス方法
情報資産管理台帳	なし	N/A
ネットワーク構成図	図D-1に記載 表D-8にセグメント間の通信設定を記載	共有ドライブ：SecurityCommitteeに保存
IPアドレス一覧	表D-9に記載	共有ドライブ：SecurityCommitteeに保存

JNSAアーキテクツのネットワーク構成は**図D-1**のとおりです。

▼図D-1 ネットワーク・システム構成図

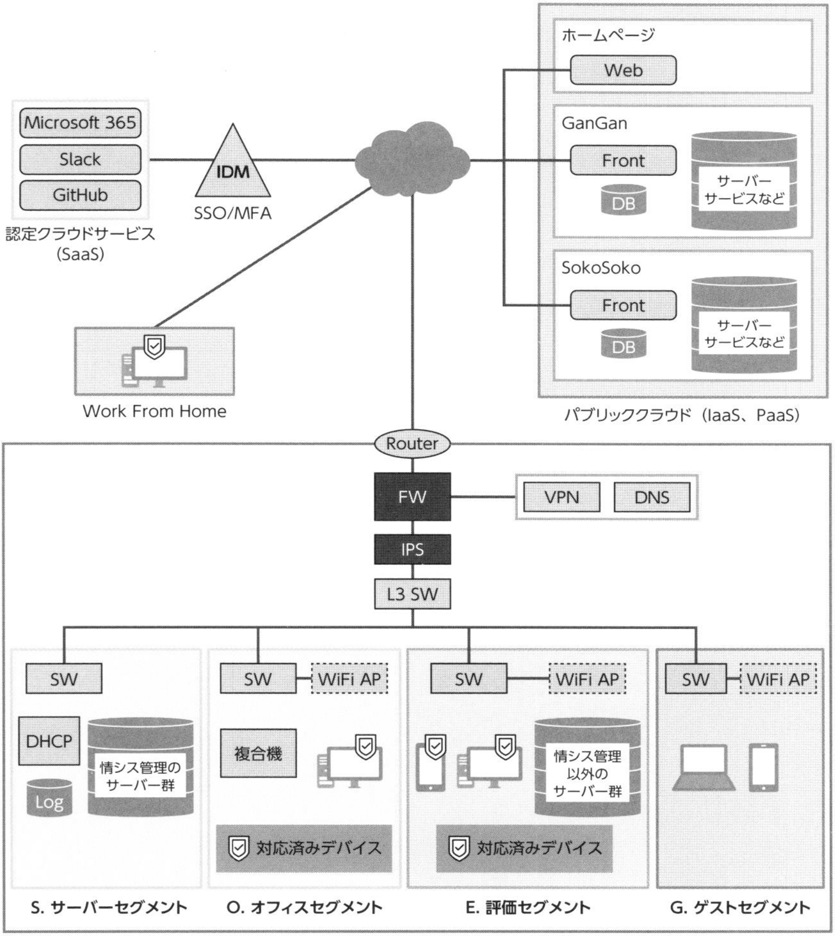

イントラネットは、サーバーセグメント、オフィスセグメント、評価セグメント、ゲストセグメントの4セグメントで構成しています。

サーバーセグメントとオフィスセグメントは相互に通信が行えますが、評価セグメント、ゲストセグメントは、他のセグメントとは通信ができません。また、ゲストセグメントは、セグメント内のデバイス間の通信はできません（**表D-8**）。

ネットワーク構成は、JNSA「情報セキュリティポリシーサンプル改版（1.0版）」に記載された構成でしたが、クラウドへの移行に伴い変更し、営業所への接続は廃止しています。

▼表 D-8　セグメント間の通信

		Destination Segment					
		S. サーバー	O. オフィス	E. 評価	G. ゲスト	I. Internet	V. VPN
Source Segment	S. サーバー	○	○	×	×	○	×
	O. オフィス	○	○	×	×	○	×
	E. 評価	×	×	○	×	○	×
	G. ゲスト	×	×	×	×	○	×
	I. Internet	×	×	×	×	○	×
	V. VPN	○	○	○	×	○	×

▼表 D-9　IPアドレス一覧

IPアドレス	資産名	備考
xxx.0.0.242 xxx.0.0.243	Internet GW (Router) VPN装置	
yyy.0.3.241 yyy.0.1.31	Home Page GanGanサーバー	www.jnsa-architect.com gangan.jnsa-architect.com
172.32.101.0/24 172.32.101.1 172.32.101.2	GWセグメント Internet GW (Router) (GW側) Firewall (GW側)	
172.32.0.0/22 172.32.0.1 172.32.0.30 172.32.0.3 172.32.0.8 172.32.0.101	管理セグメント Firewall (LAN側) IPS L3 SW DHCP VPN装置	
172.32.4.0/22 172.32.4.1 172.32.4.2 172.32.4.5 172.32.4.100-150	サーバーセグメント L3SW SW-1 ログ集約DB プロジェクトが管理するサーバー類 (固定IP)	
172.32.8.0/22 172.32.8.1 172.32.8.2 172.32.8.3 172.32.8.11 172.32.9.10-250	オフィスセグメント L3SW SW-2 WiFi AP-2 複合機 DHCPに割り当て	
172.32.12.0/22 172.32.12.1 172.32.12.2 172.32.12.3 172.32.12.10-200 172.32.13.10-200	評価セグメント L3SW SW-3 WiFi AP-3 DHCPに割り当て 社員管理サーバー／デバイス (固定IP)	
172.32.16.0/22 172.32.16.1 172.32.16.2 172.32.16.3 172.32.16.10-200	ゲストセグメント L3SW SW-4 WiFi AP-4 DHCPに割り当て	

Pd2-b. システム一覧、Pd2-c. アカウントと権限

主要なシステムを以下にまとめます（**表D-10**）。

▼表D-10　主要システム一覧

カテゴリ	システム名		実装	オーナー、担当者	アカウント
基本的なITインフラ	認証システム		Azure AD	CIO 矢野、情シス	特権：矢野CIO、佐藤M
	メールシステム		Microsoft 365	CIO 矢野、情シス	特権：佐藤M、鈴木M 社員：全社員へ付与 社外：業務委託先などは以下で管理「社外利用者アカウント管理台帳」
	ファイルサーバー		SharePoint	CIO 矢野、情シス	
	カレンダー		Microsoft 365	CIO 矢野、情シス	
	ビジネスチャット		Slack	CIO 矢野、情シス	
公開システム	ホームページ	www	AWS+ Word Press	小屋 広報部長 広報グループ（唐澤M） 技術サポート： 情シス（佐藤、鈴木）	ホームページのアカウント構成に記載
	コンシューマ向けシステム	gangan	AWS	田中CEO 青島D、GanGan運用G（山口）	特権：青島D、山口 他のアカウント： GanGanシステム管理台帳で管理
		sokosoko	AWS	高橋取締役 青島D、SokoSoko運用G（前田）	特権：青島D、前田 他のアカウントは： SokoSokoシステム管理台帳で管理
	SNS公式アカウント		@jnsa-architeccht	小屋 広報部長 広報グループ（唐澤M）	特権：なし 小屋広報部長、唐沢M
	求人関係		ホームページに記載	人事 三宅M	特権：三宅M アカウント： 三宅M、桜井M、人事メンバー
	電子契約システム		N/A	法務 稲葉D	特権なし：稲葉D アカウント： 稲葉D、法務メンバー
	その他				
社内向けシステム	ERP、決済システム		kintone	財務 黒川D	特権：黒川D アカウント：財務メンバー
	給与明細、源泉徴収		OJY会計 システム	財務 桜井D	特権：桜井M アカウント： 三宅M、桜井M、人事メンバー
システム開発環境	GitHub		GitHub	藤井 開発本部長 後藤M	特権：後藤M アカウント：全社員

P2-d. 委託先

省略します。

Pd2-e. セキュリティ施策のプロファイル

P2-cセキュリティ対策状況を以下にまとめます。

インターネット境界

インターネット境界の構成は**表D-11**のとおりです。

▼表D-11　インターネット境界のセキュリティ対策

ネットワークデバイス	設定	ログなど
インターネットルーター	Outbound: All Allow Inbound: All Deny	認証log, Drop Log
ファイアウォール	Outbound: All Allow Inbound: All Deny	認証log, Drop Log Net Flow
侵入検知・遮断システム	チューニング済みのシグネチャ	IPS Event Log
VPN	接続：2要素認証 Source IP：制限なし	認証ログ（ID、IP、成否）

デバイス

デバイスのセキュリティ対策は、MDMとEDRで構成しています（**表D-12**）。

▼表D-12　デバイスのセキュリティ対策

対策	対象	設定	対処
MDM	Windows Mac iOS、Android	デバイスの設定を強制	ワイプ、ネットワーク遮断
EDR	Windows Mac	Suspicious: Alert Only Malware: Isolation ログ： ファイルアクセス、ネットワークアクセス、 プロセス	ファイルの隔離（検疫）・削除 ネットワークからの隔離

ホームページ

アカウント管理は、以下のベストプラクティスに準じて実装しています（**表D-13**）。

参照

- IAMでのセキュリティのベストプラクティス - AWS Identity and Access Management (amazon.com) (https://docs.aws.amazon.com/ja_jp/IAM/latest/UserGuide/best-practices.html)
- IAMのビジネスユースケース - AWS Identity and Access Management (amazon.com) (https://docs.aws.amazon.com/ja_jp/IAM/latest/UserGuide/IAM_UseCases.html)

▼表 D-13　ホームページのアカウント構成

アカウント種別	ID	権限（グループ）
ルートユーザー（AWS Account）	後藤M	
IAMユーザー	goto	Admins, AllUsers
	kaneko	Developers, SysAdmins, Manager
	yamaguchi	SysAdmins, Managers
	yano	Managers
	Ishida	Managers
	Sato	SysAdmin
	Suzuki	SysAdmin
WordPressユーザー	Karasawa	管理者
	Sato	管理者
	Suzuki	管理者
	Miyake	編集者
	Aoshima	編集者
	Kaneko	編集者
	Goto	編集者

システム構成は、以下の「参照」の資料「WordPressウェブサイトを構築する」に準じて構築しています（**図 D-2**）。

参照

- AWS（Amazon）、AWSソリューション構成例 - レンタルサーバーからの簡易Webサイト移行（https://aws.amazon.com/jp/cdp/migrate-lightsail/）
- AWS（Amazon）、WordPressウェブサイトを構築する（https://aws.amazon.com/jp/getting-started/hands-on/build-wordpress-website）
- AWS（Amazon）、Amazon LightsailでWordPressインスタンスを起動して設定する（https://aws.amazon.com/jp/getting-started/hands-on/launch-a-wordpress-website/）

▼図 D-2　ホームページシステム構成

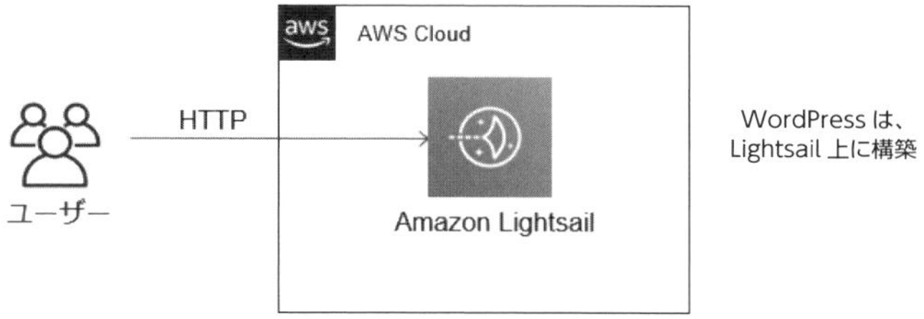

ゲームサイト

ゲームサイトは、以下の資料から、「オンラインゲームのためのクラウド構成と料金試算」に準じて構築しています（**図 D-3**）。

参照

- AWS（amazon）、目的別クラウド構成と料金試算例（https://aws.amazon.com/jp/cdp/）
- AWS（amazon）、オンラインゲームのためのクラウド構成と料金試算例（https://aws.amazon.com/jp/cdp/game/）

▼図D-3　ゲームサイトのシステム構成注2

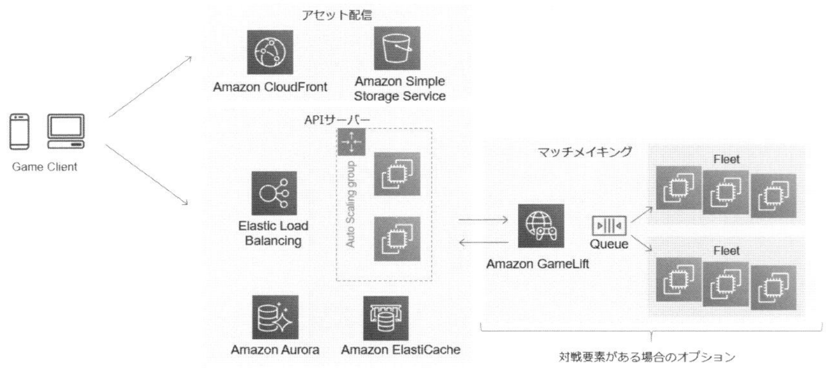

D-3 Pr. リスク・プロファイル

Pr1. 事業視点のリスク・プロファイル

JNSAアーキテクトのリスク・プロファイルを**表D-14**として記載します。

▼表D-14　評価対象事業・システムのリスク・プロファイル：ホームページとオンラインゲームサイト（続く）

項目		確認する内容	ホームページ	ゲームサイト（GanGan）
事業概要	事業概要	事業概要、ユーザー特性、利用形態などを記載する	自社の情報発信の手段としてホームページを運用	ビジュアルを強化したロールプレイングゲーム ユーザー間での共有や、SNSへの投稿が可能 有償サービスあり（月額200円）
	事業責任者	役職と氏名を記載する	小屋広報部長	田中CEO
	運用責任者・担当者	特に責任者は、役職と氏名を記載する	責任者：小屋 広報部長 担当：広報グループ（唐澤M） 技術サポート： 情シス（佐藤、鈴木）	責任者：青島D 担当：GanGan運用グループ（山口） 業務委託の計画あり
	開発責任者・担当者	特に責任者は役職と氏名を記載する	責任者：小屋 広報部長 システム構築： 情シス（佐藤、鈴木）	責任者：藤井開発本部長 担当：GanGan開発グループ（後藤M）
	ユーザー数 （有償、無償）	システムを利用するユーザー数を記載する	月間：3,000万ページビュー	全体：約200万人の登録ユーザー 有償：約10万名
	売上高・見込み	対象事業の売上高または、見込みを記載する	N/A	年間で約2.4億円（10万名×200円×12カ月）
	ユーザーの居住地域 サービス提供地域 日本，EU，US，CH，KOなど	海外対応が必要かを判断するため、ユーザーの主な居住地域を記載する	主に日本 海外向け事業が始まった場合、海外向けの対応を行う	主に日本 海外展開も検討中（EU，US）

注2　AWS（amazon）、オンラインゲームのためのクラウド構成と料金試算例（https://aws.amazon.com/jp/cdp/game/）

▼表D-14　評価対象事業・システムのリスク・プロファイル：ホームページとオンラインゲームサイト（続き）

項目		確認する内容	ホームページ	ゲームサイト（GanGan）
連絡窓口	ユーザーサポート 顧客担当 会社代表 インシデント・脆弱性	インシデントが報告される可能性のある連絡窓口を記載する	support@jnsa-architect.com	ask-gangan@jnsa-architect.com
取り扱う情報	情報の種類	取り扱う情報の種類を記載する。特に、機微性の高い情報に着目する	■ 個人情報　□ 仮名個人情報　□ 金融関連情報 □ その他の機微情報 発表前の情報をステージングに掲載することはあるが、原則、公開情報のみを扱っている	■ 個人情報　□ 仮名個人情報　■ 金融関連情報 □ その他の機微情報 決済はサービス代行業者が実施。原則として、決済情報はサービス内に持たない
	改ざんされた場合の影響 （自社・顧客など）	たとえば、このような事例： マルウェア拡散、金銭的な損害、社会インフラの停止、人命への影響、会計処理の問題、炎上	マルウェア拡散など	マルウェア拡散、キャラクターの削除、盗難、不正な課金など
業務停止の影響	SLA	システム停止、金銭的な処理、責任の所在など	特段のSLAは設けていない 意図しないシステムの停止は、1～2時間で解決したい	利用規約の中で定義 稼働率は保証しない旨を記載
	自社への影響	業務の停止・遅延、決済の停止	技術力が疑われる可能性はあるが、重大な影響はない	ユーザーからのクレーム 金銭的な保証の可能性 海外展開後はGDPRも考慮
	顧客などへの影響	サプライチェーンの停止 金銭的な損害	直接的な影響は考えにくい	直接的に金銭的な損害を与える可能性は極めて低い
	直接的な機会損失 （平均売上・利益）	1日当たり、1時間当たりの売上など	直接的な機会損失は考えにくい	N/A （金銭的な保証を除く） 有償サービスとしては、約65.8万円／日、約2.7万円／時に相当
遵守すべきコンプライアンス	法的な義務 ガイドライン	個人情報保護、金融関係、医療関係、教育関係などの法令、ガイドライン	個人情報の取り扱いを除き、特段のコンプライアンスはない	個人情報保護法（海外展開後は、各国の法制度など）
	制裁金・罰金・罰則など	GDPR：xx億円など	現段階では想定していない	EU、USで展開する可能性あり GDPR： €2000万（27億円）または、売上の4%以下（72時間以内の報告義務） CCPA： $2,500（約32万円）、$7,500（約100万円）
社会的な影響	人命・身体	自動運転、プラント、医療機器など	N/A	N/A
	環境汚染	プラントなど	N/A	N/A
	倫理的バイアス	分析、AI診断	N/A	N/A
	経済的損失（株価など）	相場の乱高下、物価	N/A	N/A
	その他		N/A	N/A

Pr2. システムレベルのリスク・プロファイル

JNSAアーキテクトの公開システムのリスク・プロファイルを**表D-15**に記載します。

▼表D-15　サイトのリスク・プロファイル（続く）

ENISA	具体的な確認項目	ホームページ	ゲームサイト（GanGan）
O01: Geographic spread	O0100 複数のデータセンターを利用している	AWSを利用	AWSを利用
O02: Elasticity	O0200 柔軟なキャパシティを持つインフラを利用している	AWSを利用	AWSを利用
O04: Physical security	O0400 信頼できるデータセンターを利用している	AWSを利用	AWSを利用
O05: Incident response around-the-clock	O0500 CSIRTが24×7で稼働している	24×7では稼働していない	ゲームサイトに対するCSIRTは用意していない
	O0510 インシデント対応窓口が用意されている	セキュリティ報告窓口を用意している secure@jnsa-architect.com	サポート窓口のみ公開している
O06: Software development	O0600 SDLが実装されている	プログラムは開発していないため、SDLは実装していない	特段のSDLは実装していない
	O0610 標準に基づいたセキュリティ検査を実施している	実施していない	サービス開始前に、APIに対するセキュリティ検査を実施
O07: Patching and updating	O0700 合理的なパッチマネジメントが行われている	実装していない	ネットワークレベルで十分な対策をしているため、ホストレベルのパッチについては特段定めていない
O08: Backups	O0810 特定の日時にリカバーできる	30日間のバックアップがある	30日間のバックアップがある
O09: Server-side storage	O0900 ボリュームレベルの暗号化をしている／できる	特段の暗号化は行っていない	S3をSSE、EBS、RDSをKMSで暗号化
O10: Security-as-a-service and security add-ons	O1000 追加のセキュリティ機能を利用している	特段の利用はない	特段の利用はない
O11: Certification and compliance	O1100 何らかの認証を取得している	AWSは多数の認証を取得しているが、当Webサービスは認証を取得していない	AWSは多数の認証を取得しているが、当サービスでは特段の認証は取得していない
R01: Software security vulnerabilities	R0100 ホストレベルの要塞化を実施している	AWSのSecurity Hub CIS-Controlsで設定している	必要なサービスのみインストールしている
	R0120 ホストレベルのセキュリティ検査を実施している	実施していない	ネットワークレベルの検査のみ実施
R02: Network attacks	R0200 ネットワークレベルの要塞化をしている	AWSのSecurity Hub CIS-Controlsで設定している	ガイドラインに沿って、要塞化を実施している
	R0210 ネットワークデバイスのパッチマネジメントを実施している	AWSの管理で実施されていると理解	AWSの管理で実施されていると理解
	R0230 ネットワークレベルの検査を実施している	実施していない	Security Hubを利用し、設定上の問題をモニタしている

▼表D-15　サイトのリスク・プロファイル（続き）

ENISA	具体的な確認項目	ホームページ	ゲームサイト（GanGan）
R03: Social engineering attacks	R0300 ユーザーへのメールに署名している	署名していない	署名していない
	R0302 ユーザーへのメールに、SPF, DKIM, DMARCなどの対策を行っている	SPFのみ実施済み	SPFのみ実施
	R0310 ユーザーがMFAを利用	N/A	提供していない
	R0320 IPアドレス制限を実施している	N/A	実施していない
R04: Management GUI and API compromise	R0410 管理GUI/APIでMFAを利用	利用している	利用している
	R0420 IPアドレス制限を実施できる	制限をかけていない	制限をかけていない
R06: Physical hazards	R0600 BCPプランを実装している	現段階では準備をしていない	現段階では準備をしていない
R07: Overloads	R0700 Overloads対応のインフラを利用	Load Balancerを利用している	特段の対策は行っていない
R10: Administrative or legal outages	R1000 同一法人として事業が継続できなくなった場合のデータの取り扱いがSLAに明記されている	N/A	利用規約上、任意のタイミングで事業の停止ができるようにしている
R11: Foreign jurisdiction issues	R1100 GDPRなどの対応を行っている	現段階では未実施。ただし、主要な内容については実施済み	現段階では未実施。ただし、主要な内容については対応済み 海外向けのサービスを予定

E. イベントの設定

Annex Aなどからシナリオを選択し、イベントを作成し机上演習を行います。

E1. イベントの設定

シナリオを作成し、イベントにブレークダウンします。

E2. ログなどの保全と記録の方針

シナリオを作成に対して、ログなどの保全と、対応記録の方法について取り決めます。

E3-ab. 状況（イベント）の特定、深刻度・緊急度の評価

イベントに対して、E2-abの項目を実施してください。

E3-c. イベントへの対応・対処

事業視点、技術視点、被害者の視点から対応・対処を実施し、外部の関係者についても対応・対処を行ってください。

E3-d. 考査：背景と課題

ここまでの調査に基づいて、イベントの要因・原因の背景を考査してください。

責任と権限、手順、事業計画、マネジメントやガバナンスの問題を取り上げ、再発防止策を策定する起点としてください。

E4. ステータスレポートの作成

ステータスレポートを作成してください。

E5. インシデント報告書の作成

主に社内の経営陣向けにインシデント報告書を作成してください。

D-4　S. 事件・事故の公表および報告

報告内容をまとめ、模擬的な記者会見を行ってください。取引先、被害者、官公庁などへの模擬的な報告・届出を行ってください。

D-5　F. 評価と改善計画の策定：クロージング

ワークショップのクロージングを実施します。まずは、ワークショップの成果を取りまとめてください。次に、ワークショップ内で策定できる改善計画を策定し、トラッキングするための、仕組みを作ってください。継続的なコミュニケーションを取るための仕組みを作ってください。

Annex E 個人情報に係る報告義務について

「E3-c. 外部関係者」届出義務のある外部関係者として、改正個人情報保護法と、GDPR（General Data Protection Regulation：EU一般データ保護規則）の概要と、義務付けられている報告や通知について記載します。なお、記載内容は必ず原典を確認いただけるようにお願いします。

E-1 改正個人情報保護法（2022年4月施行）

2022年4月に施行された個人情報保護法では、個人情報の漏えいなどがあった場合に、個人情報保護委員会への報告と、本人に対する通知が義務付けられています。

以下に、個人情報の保護に関する法律についてのガイドライン（通則編）[注1]から、通知に関する内容を抜粋します。

個人情報保護委員会への報告及び本人への通知が必要なケース

（1）要配慮個人情報が含まれる個人データの漏えい等が発生し、又は発生したおそれがある事態（例：医療や健康情報）

（2）不正に利用されることにより財産的被害が生じるおそれがある個人データの漏えい等が発生し、又は発生したおそれがある事態（例：クレジットカード番号、IDとパスワード）

（3）不正の目的を持って行われたおそれがある個人データの漏えい等が発生し、又は発生したおそれがある事態（例：不正アクセスによる漏えい、ランサムウェアによる暗号化、記録媒体などの盗難、従業者による不正な第三者への提供）

（4）個人データに係る本人の数が千人を超える漏えい等が発生し、又は発生したおそれがある事態

注1　個人情報保護委員会（2021）、個人情報の保護に関する法律についてのガイドライン（通則編）（https://www.ppc.go.jp/files/pdf/211116_guidelines01.pdf）

個人情報保護委員会への報告

時間的な目安

- 速報：事態を知った時点から概ね 3 ～ 5 日以内
- 確報：30 日以内（前項（3）に該当する場合は 60 日以内）

報告の内容

（1）概要
（2）漏えい等が発生し、又は発生したおそれがある個人データの項目
（3）漏えい等が発生し、又は発生したおそれがある個人データに係る本人の数
（4）原因
（5）二次被害又はそのおそれの有無及びその内容
（6）本人への対応の実施状況
（7）公表の実施状況
（8）再発防止のための措置
（9）その他参考となる事項

本人への通知

時間的な目安

ガイドラインでは、当該事態の状況に応じて速やかに本人への通知を行うことが求められており、また、「その時点で通知を行う必要があるとはいえないと考えられる事例」として以下を例示しています。

- 事例 1）インターネット上の掲示板等に漏えいした複数の個人データがアップロードされており、個人情報取扱事業者において当該掲示板等の管理者に削除を求める等、必要な初期対応が完了しておらず、本人に通知することで、かえって被害が拡大するおそれがある場合
- 事例 2）漏えい等のおそれが生じたものの、事案がほとんど判明しておらず、その時点で本人に通知したとしても、本人がその権利利益を保護するための措置を講じられる見込みがなく、かえって混乱が生じるおそれがある場合

内容

通知する内容は、「本人の権利利益を保護するために必要な範囲において」行うとされており、以下の事例が例示されています。

- 事例 1）不正アクセスにより個人データが漏えいした場合において、その原因を本人に通知するにあたり、個人情報保護委員会に報告した詳細な内容ではなく、必要な内容を選択して本人に通知すること。
- 事例 2）漏えい等が発生した個人データの項目が本人ごとに異なる場合において、当該本人に関係する内容のみを本人に通知すること。

通知の方法

ガイドラインでは、郵便や電子メールによる通知が例示されており、例外として、本人への通知が困難である場合に「事案の公表」「問い合わせ窓口の公表」を代替え措置とすることが認められています。

E-2 GDPR（EU一般データ保護規則）

2018年5月に適用を開始したGDPR（General Data Protection Regulation：EU一般データ保護規則）は、EUで事業を展開していない場合も対象となること（域外適用）、高額な制裁金が設定されていること、DPO（データ保護責任者）やEU代理人の選任が求められることなどが大きな話題となりました。

GDPRに関する概要と、通知義務についてJETRO「EU一般データ保護規則（GDPR）」に関わる実務ハンドブック（入門編）注2から、主要なポイントを抜粋します。

GDPRの適用範囲

GDPRは、管理者または処理者が欧州経済領域（EEA）域外で設立された場合でも、以下のいずれかに該当する場合は域外適用の対象となります。

- EEAのデータ主体に対して商品またはサービスを提供する場合
- EEAのデータ主体の行動を監視する場合

EEAの顧客を持つ場合は、GDPRの適用範囲に含まれると考える必要があるようです。

注2　JETRO（2016）、「EU一般データ保護規則（GDPR）」に関わる実務ハンドブック（入門編）（https://www.jetro.go.jp/ext_images/_Reports/01/dcfcebc8265a8943/20160084.pdf）
JETRO（2017）、「EU一般データ保護規則（GDPR）」に関わる実務ハンドブック（実践編）（https://www.jetro.go.jp/ext_images/_Reports/01/76b450c94650862a/20170058.pdf）

E

DPO/EU代理人

GDPRでは、データ保護責任者（Data Protection Officer：DPO）の選任が求められます。例外もありますが、一般的な事業を行う限り、DPOの選任が求められると考えることが妥当でしょう。また、DPOを選任していないケースや、その役務を尊重しなかったことからGDPRの義務違反となったケースが例示されています。

DPOは、職務の遂行についていかなる指示も受けないこと、職務の遂行に関して解任や罰則を受けないこと、最高経営者レベルに直接報告をすることとされています。DPOを兼任する場合は、DPOの作業および義務に利益相反をもたらさないことが求められ、個人データ処理の目的および手段を決定する地位につくことはできません。直接作業を行わない場合でも、経営陣（最高経営責任者、最高執行責任者、最高財務責任者、最高医務責任者、マーケティング部門長、人事部門長またはIT部門長など）が、DPOを兼任することはできないことになります。

EU域内に拠点を持たない企業は、代理人を選任が求められる可能性があります。その場合、EU代理人を、個人データが処理されるデータ主体が居住する加盟国の1つに設置が求められます。なお、ヨーロッパ諸国でもスイス、イギリスなどEEAに含まれない国がある点にも注意が必要です。

通知義務

個人データの侵害が発生した場合、可能であれば侵害を認識してから72時間以内に監督機関に通知すること、遅れた場合は遅滞に関する理由も通知することが求められます。事前に、通知すべき監督機関と連絡方法を確認してください。

通知には、以下の事項を含めなければなりません（**表E-1**）。通知義務に違反した場合、1,000万ユーロまたは前会計年度の全世界での年間売上高2%のいずれか高い方を上限額とする、制裁金が課される可能性があります。制裁金の具体的な内容については、E-4節「GDPRの制裁金について」を参照ください。

▼表E-1 個人データの侵害の監督機関への通知において含めなければならない内容（GDPR）注2

(a)	個人データの侵害の性質に関する記述、可能であれば、関連するデータ主体の種類と概数。関連する個人データの記録の種類と概数を含む。
(b)	DPOの氏名および連絡先の詳細、または、さらなる情報が入手できるその他の連絡先
(c)	個人データの侵害の結果、生じ得る結果に関する記述
(d)	個人データの侵害に対処するために、管理者によって取られている対策、または取られることが予定されている対策の記述。必要に応じて、個人データ侵害により起こり得る悪影響を軽減するための対策を含む。

E-3 その他の国

各国で、個人情報保護のための法制度が制定されています。GDPRと同様に、域外適用される法制度も多いため、海外に事業展開する際には、これらの法制度についても適切な対応をとるようにしてください。また、個人情報保護の他にも注意すべき法律があるため、海外展開においては、法務、経理とともに対応を検討する必要があります。

- 米国
  - California Privacy Rights Act：CPRA
  - Consumer Online Privacy Rights Act：COPRA
- 英国
  - Data Protection Act 2018：DPA
- スイス
  - Federal Act on Data Protection：FADP
- 中国
  - 中国個人情報保護法：PIPL
- 韓国
  - 個人情報保護法：PIPA

E-4 GDPRの制裁金について

GDPRにより制裁金を科した事例を公開しているサイトがあります。GDPR Fines Tracker & Statistics[注3]によれば、2022年8月現在で1,087件が制裁金の対象となっており、合計は€1,631,665,322（約2,263億円）に達します。制裁金の最高額は€746,000,000（約1,034億円）で、最低額は€28とのことです。最高額は、Amazon Europe Core S.a.r.l.の例で、顧客データをターゲット広告に悪用した行為が対象とされています。

注3 GDPR Fines Tracker & Statistics（https://www.privacyaffairs.com/gdpr-fines/）

▼図E-1　GDPR Fines Tracker & Statistics（2022年8月）注3

他にも著名な企業が多額の制裁金の対象となった事例が報道されています。

参照

- ZDNET（2022）、仏データ保護当局がグーグルとFacebookに多額の制裁金との報道 -- プライバシー規則違反で - ZDNet Japan（https://japan.zdnet.com/article/35181722/）

GDPR Fines Tracker & Statisticsから制裁金の金額を調べてみると、€1,000～9,999（44%）、€10,000～99,999（35%）が大半を占めていました。違反があった場合には、それなりに高額な制裁金が科されていることがわかります。

一方で、低額の制裁金を調べてみると、€1,000未満のケースは59件（6%）となっています。

▼図E-2　GDPR Fines Tracker & Statisticsから本書が作成

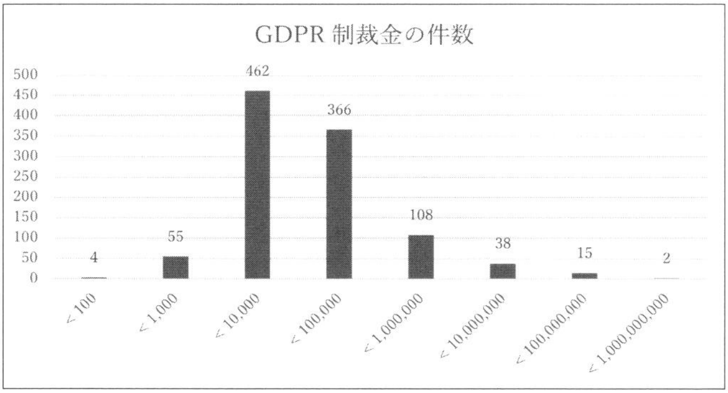

日本では、Yahoo! JAPANが「サービス利用いただける環境を継続的に提供することが困難になった」として、GDPRの対象となるEEAでのサービスを終了すると発表したことも、話題となりました。

参照

- サキシル（2022）、ヤフーが欧州でのサービス終了を発表、高額な制裁金が科されるGDPRが理由か（https://sakisiru.jp/20227）

実際に海外展開を行う場合には、各国の法令を理解した上で対応する必要がありますが、大変な時間と手間のかかる作業となっています。また、有料サービスを展開する場合は、個人情報・プライバシーの他にも、税務処理などについても対応が必要です。税務処理については、事前に経理などと確認してください。

Annex F 脅威インテリジェンス

脅威インテリジェンスは、「脅威および脅威要因に関する情報であり、有害事象を軽減するために十分な理解を提供するもの」(CBEST)[注1]とされています。

脅威インテリジェンスに関する詳細については、CBESTを参照いただくとして、ここではセキュリティ担当者には馴染みのある、CVE, CVSSなどで構成される脅威情報の標準化と自動化のモデルを使って、脅威インテリジェンスについて紹介します。

参照（CISOハンドブック）

脅威インテリジェンスについては、『CISOハンドブック』の「10-4-4　脅威インテリジェンスの利用」「Annex C　情報セキュリティ対策の標準化と自動化の流れ」でも紹介しています。

F-1 サイバー攻撃活動を記述するための取り組み

脅威インテリジェンスの自動化や脅威情報の交換を目的とした取り組みに、SCAP, STIX（**図F-1**）, CyBoX, TAXIIがあります。実装を前提とした仕様ですが、脅威インテリジェンスを理解するためには、よくできた構成だと考えています。Annex Fでは、この構成に沿って、脅威インテリジェンスの取り組みをご紹介します。

注1　CBEST (2016)、CBEST Understanding cyber threat_CBEST Understanding cyber threat (https://www.bankofengland.co.uk/-/media/boe/files/financial-stability/financial-sector-continuity/understanding-cyber-threat-intelligence-operations.pdf)

▼図F-1 IPA：STIXの情報群の構成[注2]

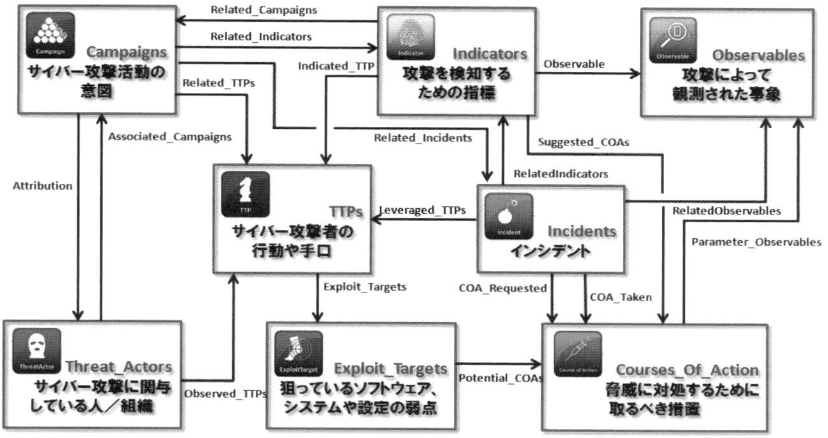

参照

- IPA（2018）、STIX（Structured Threat Information eXpression）～サイバー攻撃活動を記述するための仕様～（https://www.ipa.go.jp/security/vuln/STIX.html）

F-2 サイバー攻撃の動向などに関するインテリジェンス（STIX的な視点）

サイバー攻撃活動やその動向などのSTIX的な視点から、脅威インテリジェンスを得ることができる資料を紹介します。

ベライゾン：データ漏洩/侵害調査報告書（DBIR：Data Breach Investigations Report）

ベライゾン社が2008年から公表しているデータ漏洩・侵害に関する年次レポートです。よくまとまった資料で、広範囲な内容が網羅されています。最新のレポートに加えて、過去のレポートをさかのぼることで、脅威・セキュリティの変化を確認することができます。

注2　IPA（2018）、STIX（Structured Threat Information eXpression）～サイバー攻撃活動を記述するための仕様～（https://www.ipa.go.jp/security/vuln/STIX.html）

参照

- ベライゾン（2022）、2022年でデータ漏洩/侵害調査報告書（https://www.verizon.com/business/ja-jp/resources/reports/dbir/）

マイクロソフト：セキュリティインテリジェンスレポート

マイクロソフト社のセキュリティインテリジェンスレポート（SIR）もご紹介します。調べてみるとSIRは、2019年に公開された第24版が最後となっていました。2020年にMicrosoft Digital Defense Reportが公開されましたが、その後、同様のレポートは公開されず、Microsoft Detection and Response Team（DART）の記事として、逐次公開されているようです。

SIRは、Microsoft社の製品やサービスにかかわる膨大な情報と、Windowsに標準で搭載されたDefenderの情報を中心に、大変興味深い分析を行っていました。加えて、Digital Crime Unitによるサイバー犯罪への取り組みは、サイバー犯罪対策の法的側面を取り上げた貴重な資料となっています。第9版では、Walredacと呼ばれるボットネットのTake Down、その後もRustok、ZeusなどのTake Downを取り上げた版が公開されました。

現在はSIRを入手できないことがとても残念です。貴重な資料なので、アーカイブとして公開していただきたいものです。

参照

- Microsoft SIR - Microsoft Security Response Center（https://msrc-blog.microsoft.com/tag/sir/）

インターネットイニシアティブ：IIJ Internet Infrastructure Review

IIJ（インターネットイニシアティブ）が、四半期に一度公表している技術レポートで、インターネット基盤技術や、セキュリティ関連情報を取り上げています。セキュリティ関連情報は、海外の情報が多く、日本の状況には当てはまらないことも多いのですが、IIJのレポートでは、日本で観測された情報に基づいた分析が行われており、日本の状況を確認するための貴重な技術資料となっています。

参照

- インターネットイニシアティブ、IIJ Internet Infrastructure Review（https://www.iij.ad.jp/dev/report/iir/）

マクニカ：標的型攻撃の実態と対策アプローチ

2016年から公表されている「標的型攻撃の実態と対策アプローチ」は、日本で観測された脅威に対する詳細な情報が紹介されている資料です。

第1版のエグゼクティブサマリーは以下のように記載されています。ここで書かれているように、攻撃の実態を知ることは難しい面があり、特に日本国内の情報はなかなか手に入りません。シナリオの作成だけではなく、対策の推進に対しても参考にしていただきたいレポートです。

> *2015年6月に、公的機関への標的型攻撃による個人情報漏えい事案が大きく報道されました。あれから一年が経過しましたが、当時の報道の前も後も、今日に至るまで、日本国内の組織に対する標的型攻撃（サイバースパイ活動）は継続して観測されています。標的型攻撃の多くは、一般的なサイバー攻撃（無差別型攻撃）よりもステルス性が高いため、被害組織が攻撃者の侵入や潜伏に長期間気づかないことが多く、気づいた後も情報公開されないことが多いため、報道される事案は氷山の一角に過ぎません。一年前の事案を忘れずに教訓とするためにも、このタイミングで分析レポートを出すことにしました。*

参照

- マクニカ（2021）、標的型攻撃の実態と対策アプローチ 第6版 日本を狙うサイバーエスピオナージの動向2021年度（https://www.macnica.co.jp/business/security/2022/report_02.html）

F-3　脆弱性情報など（CVE, CVSS的な視点）

CVE, CVSSなどの脆弱性情報や、観測されている攻撃などは、脅威インテリジェンスの基礎となるものです。

代表的な情報源を以下に記載します（**表F-1**）。

▼表F-1　代表的な脆弱性情報などの情報源

JPCERT/CC[注3]	JPCERTコーディネーションセンター	https://www.jpcert.or.jp/
IPA	情報処理推進機構 情報セキュリティ	https://www.ipa.go.jp/security/index.html
JVN	Japan Vulnerability Notes	https://jvn.jp/

注3　本書でJPCERTコーディネーションセンターを記載する際には、JPCERT/CCと記載しています。

F-4 情報共有

　脅威インテリジェンスでは、組織間の情報連携、情報共有が不可欠とされており、特に重要インフラ分野では、分野ごとにISAC（Information Sharing and Analysis Center、セキュリティ情報共有組織）と呼ばれる組織などが設置されています。ISACは、1998年に米国におけるサイバーセキュリティ情報共有メカニズムの中核機関として創設されたもので、重要インフラのサイバーセキュリティ情報を集約的に管轄するNCCIS（国家サイバーセキュリティ通信統合センター）が調整役となっています。米国では、セキュリティに関するさまざまな組織が、さまざまな取り組みを行っています。複雑で入り組んだものになっていますが、以下の「参照」の資料に詳しく解説されています。

参照

- 経済産業省（2017）、平成29年度サイバーセキュリティ経済基盤構築事業（米国から見た諸外国のサイバー空間における能力等の実態に関する調査）（https://www.meti.go.jp/meti_lib/report/H29FY/000120.pdf）

NISC：内閣サイバーセキュリティセンター

　2000年に設置された内閣官房情報セキュリティ対策推進室（NIRT）を前身とし、2005年に内閣官房情報セキュリティセンター（NISC：National Information Security Center）として設置されました。IT戦略本部「情報セキュリティ政策会議」とともに日本の情報セキュリティ対策の中心的な役割を果たしています。

　2015年には、サイバーセキュリティ基本法の施行に伴い、改めて内閣サイバーセキュリティセンター（National center of Incident readiness and Strategy for Cybersecurity）として設置されました（NISCの略称はそのまま維持されています）。

サイバーセキュリティ協議会

　サイバーセキュリティ協議会は、「我が国のサイバーセキュリティに対する脅威に積極的に対応する意思を有する多様な主体が相互に連携して、サイバーセキュリティに関する施策の推進に関し必要な協議を行う」ことを目的として、2019年（平成31年）4月に組織されたものです。1年ごとに構成員を決定し、2022年4月現在では303者が構成員として参加しています。

参照

- NISC (2019)、サイバーセキュリティ協議会 (https://www.nisc.go.jp/council/cs/kyogikai/index.html?fbclid=IwAR2dWxbKhKZts4EgBirB_AotC7MquDZROLtkNkY96s5sbtVrG0S6jnELKN0)

NISC 重要インフラグループ 情報共有体制の強化

日本では、米国のISACに相当する組織として、CEPTOAR (Capability for Engineering of Protection, Technical Operation, Analysis and Response) が、14分野で19組織が設立されています。また、CEPTOARが集まる会議体として、政府から独立したCEPTOAR Councilが設立されています。

参照

- NISC 重要インフラグループ (https://www.nisc.go.jp/policy/group/infra/policy.html)

▼図 F-2 NISCセプター特性把握マップ[注4]

セプター特性把握マップ

2022年3月末日現在

重要インフラ分野	情報通信			金融				航空	空港	鉄道	電力	ガス	政府・行政サービス	医療	水道	物流	化学	クレジット	石油
事業の範囲	電気通信		放送	銀行等	証券	生命保険	損害保険	航空	空港	鉄道	電力	ガス	政府・地方公共団体	医療	水道	物流	化学	クレジット	石油
				金融CEPTOAR連絡協議会															
名称	T-CEPTOAR	ケーブルテレビCEPTOAR	放送CEPTOAR	銀行等CEPTOAR	証券CEPTOAR	生命保険CEPTOAR	損害保険CEPTOAR	航空CEPTOAR	空港CEPTOAR	鉄道CEPTOAR	電力CEPTOAR	GAS CEPTOAR	自治体CEPTOAR	医療CEPTOAR	水道CEPTOAR	物流CEPTOAR	化学CEPTOAR	クレジットCEPTOAR	石油CEPTOAR
事務局	(一社)ICT-ISAC	(一社)日本ケーブルテレビ連盟	(一社)日本民間放送連盟、日本放送協会	(一社)全国銀行協会 事務・決済システム部	日本証券業協会 IT統括部	(一社)生命保険協会 総務部経営企画・法務グループ (2022年4月1日～ 総務部経営企画グループ)	(一社)日本損害保険協会 IT推進部品質管理グループ	定期航空協会	空港・空港ビル協議会	(一社)日本鉄道電気技術協会	電力ISAC	(一社)日本ガス協会 技術部製造グループ	地方公共団体情報システム機構 情報化支援戦略部	(公社)日本医師会 情報システム課	(公社)日本水道協会 総務部総務課	(一社)日本物流団体連合会	石油化学工業協会	(一社)日本クレジット協会	石油連盟
構成員 (のべ数)	22社 1団体	312社 1団体	196社・団体	1,297社	282社 7機関	42社	47社	14社 1団体	8社	22社 1団体	24社 4機関	10社・団体	47都道府県 1,741市区町村	1グループ 20機関	8水道事業体	6団体 17社	13社	50社	11社
NISCからの情報の展開先(構成員以外)	381社・団体	388社	11社	2社・団体	—	—	—	—	—	—	15社・機関	196社・団体	—	391社・団体	内容に応じ1,324事業体へ展開	—	—	—	—
	その他(核物質防護等の措置が要求される企業、ビルディング・オートメーション協会、サイバーディフェンス連携協議会、大学等(内容に応じ展開先を選定))																		

■ その他

既存事業領域を越える連携等	情報通信(ICT-ISACにおいて、一部の放送事業者及びケーブルテレビ事業者が加盟)、金融(金融ISACにおいて、加盟金融機関間で情報共有・活動連携)、航空・空港・鉄道・物流(交通ISACにおいて、参加事業者間で情報共有・活動連携)、電力(電力ISACにおいて、加入する電気事業者間で情報共有・活動連携)、化学(石油化学工業協会と日本化学工業協会の情報共有・活動連携)、クレジット(ネットワーク事業者と情報共有・活動連携)、制御システム(JPCERT/CCが提供するConPaS等)、J-CSIP(IPA:標的型攻撃等に関する情報共有)、サイバーテロ対策協議会(重要インフラ事業者等と警察との間で連携、47都道府県に設置)、早期警戒情報CISTA(JPCERT/CC: セキュリティ情報全般)

注4 NISC (2022)、セプター特性把握マップ (https://www.nisc.go.jp/pdf/policy/infra/cc_ceptoar.pdf)

警察庁

警察庁における情報共有の取り組みを、警察庁「第3節　サイバー空間の脅威に対する官民の連携の推進[注5]」から抜粋します。

サイバーインテリジェンス情報共有ネットワーク

警察は、情報窃取の標的となるおそれの高い先端技術を有する全国7,333の事業者等（平成28年1月現在）との間で、情報窃取を企図したとみられるサイバー攻撃に関する情報共有を行うサイバーインテリジェンス情報共有ネットワークを構築している。警察では、このネットワークを通じて事業者等から提供された情報を集約するとともに、これらの事業者等から提供された情報及びその他の情報を総合的に分析し、事業者等に対し、分析結果に基づく注意喚起を行っている。

サイバーインテリジェンス対策のための不正通信防止協議会

警察では、警察庁とセキュリティ監視サービス又はセキュリティ事案に対処するサービスを提供する事業者とで構成する（サイバーインテリジェンス対策のための）※不正通信防止協議会において、標的型メール攻撃等に利用される不正プログラムの接続先等の情報を共有することにより、我が国の事業者等が不正な接続先へ通信を行うことを防止している。

※（サイバーインテリジェンス対策のための）を追記

その他の情報共有

産業分野を横断した取り組みも行われています。それぞれ、設立趣旨や活動内容が異なりますが、どの組織でも興味深い取り組みが進められています（**表F-2**）。

▼表F-2　情報共有のフレームワーク

日本シーサート協議会（NCA）	https://www.nca.gr.jp/
サイバー情報共有イニシアティブ（J-CSIP）	https://www.ipa.go.jp/security/J-CSIP/index.html
サプライチェーン・サイバーセキュリティ・コンソーシアム（SC3）	https://www.ipa.go.jp/security/sc3/
日本サイバー犯罪対策センター（JC3）	https://www.jc3.or.jp/
フィッシング対策協議会	https://www.antiphishing.jp/
日本セキュリティオペレーション事業者協議会（ISOG-J）	https://isog-j.org/index.html

注5　警察庁（2016）、第1項　サイバー空間の脅威に対する官民の連携の推進（https://www.npa.go.jp/hakusyo/h28/honbun/html/s3310000.html）

F-5　JNSA：日本ネットワークセキュリティ協会

CISO支援ワーキンググループが活動をしているJNSAも、セキュリティに関するさまざまな取り組みと情報共有を行っています。

参照

- 特定非営利活動法人 日本ネットワークセキュリティ協会 (https://www.jnsa.org/)

JNSAは、2000年に設立された、いわばセキュリティの業界団体です。多くの部会とワーキンググループが積極的な活動を進めており、価値のある成果物を数多く公表しています。

また、ISEPA、ISOG-J、JT2A、SECCONなどの組織も、JNSAの所属組織として活動しています。

近年は、セキュリティ企業以外の、いわばユーザー企業の参加も増えており、CISO支援ワーキンググループでも、ユーザー企業のセキュリティ責任者、セキュリティ担当者を中心に活動しています。

▼図F-3　JNSA「組織図」[注6]

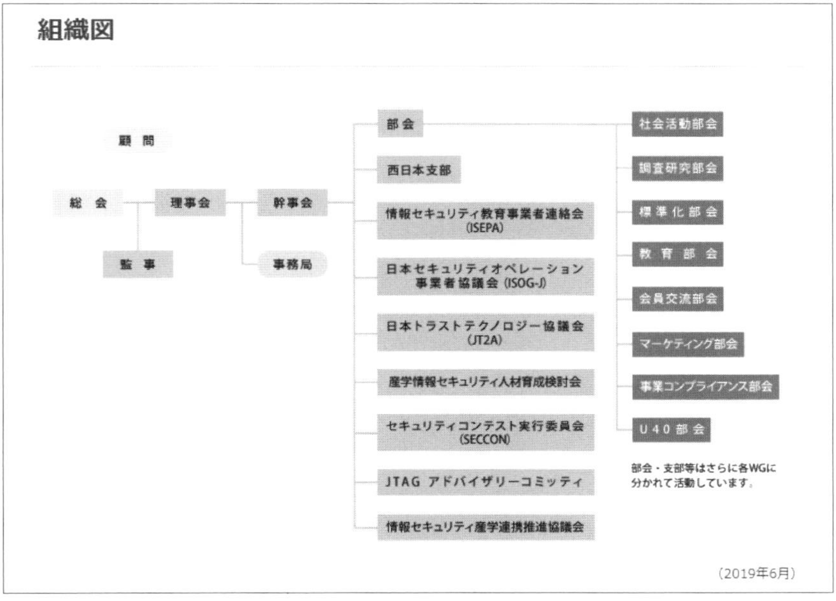

注6　JNSA (2019)、組織図 (https://www.jnsa.org/aboutus/04.html)

（JNSA）設立の趣旨

ネットワーク・セキュリティは、今後、社会インフラとしてインターネットを中心に情報ネットワーク社会が形成されていく中で、必要不可欠のものになって行こうとしています。

このような中で、セキュリティとは、「何か」、「誰が」、「どこまで」、「責任」をもつのか、その責任の保証範囲など、社会のコンセンサスが取れていないのが現状であり、それ以前のネットワーク・セキュリティとは、一体、何かということにおいても、さまざまな認識があります。

たとえば、インターネットを装備したマンションを造ったときに販売者及びサービス・プロバイダは、どこまでプライバシーを保つのか、また、基本的にインターネット・サービス・プロバイダ及び通信事業者の中で、どのようにして、セキュリティが守られているのか、否、守られなければならないのか。海外製品が主流の中で我が国として、セキュリティ・システムは、如何に考えなければならないかなど、問題が山積している状態であり、これらを統合的に検討する場がないのが現状です。

このような状況を鑑み、現在、ネットワーク・セキュリティ製品を提供しているベンダー、システムインテグレータ、インターネットプロバイダーなどネットワークセキュリティに携わる組織が結集して、ネットワーク・セキュリティの必要性を社会にアピールし、かつ、諸問題を解決していく場として、本協会の設立を行います。

2000年4月13日　　事務局長　下村　正洋

F-6 読んでおきたいレポート

脅威インテリジェンスとして、多数のレポートが公表されています。この中で、筆者が特に興味深いと感じたレポートの一部を紹介します。

Wired：The Full Story of the Stunning RSA Hack Can Finally Be Told（2020年）

2011年に起きたRSA Securityへのセキュリティ侵害に関する記事です。日本では、東日本大震災の対応に追われていた時期でもあり、大きな話題にはなりませんでしたが、トラストアンカーが侵害された事件として、世界的な問題となりました。この記事は、事件から10年経ったことで守秘義務期間が終わったことから、新たに関係者の証言を得ることで記事化したものです。記事中では、ロッキードマーチン社がサイバーキルチェーンを発表するきっかけとなった、侵害事件についても取り上げられています。

参照

- Wired (2011)、The Full Story of the Stunning RSA Hack Can Finally Be Told (https://www.wired.com/story/the-full-story-of-the-stunning-rsa-hack-can-finally-be-told/?fbclid=IwAR2J8ivUJUms1NCkY5Ie4rlLz1V3C61gi88-FzzK4L4PQ0Bfr5bnI2W0BMM)

Kaspersky：EQUATION GROUP: QUESTIONS AND ANSWERS (2018年)

2018年のWannaCryに関係するレポートです。WannaCryには、米国国家安全保障局（NSA）のThe Equation Groupが関与していると言われています。Equation Groupが関与したマルウェアとして、Stuxnet, Duqu, Flameなどが有名で、これらの活動はOperation Olympic Games[注7]の一部とも言われています。

2017年に米国政府でKaspersky社製品の使用が禁止されましたが、Equation Groupと同じNSA内にあるTailored Access Operations職員のPCから、Kaspersky社製品を通じて機密情報が漏えいしたことが理由とされています[注8]。

参照

- Kaspersky (2018)、EQUATION GROUP: QUESTIONS AND ANSWERS (https://media.kasperskycontenthub.com/wp-content/uploads/sites/43/2018/03/08064459/Equation_group_questions_and_answers.pdf)

Mandiant: APT1: Exposing One of China's Cyber Espionage Units (2013年)

2011年には、Operation Auroraや、前述のRSA Securityへの侵害など、高度なサイバー攻撃による被害が目立つようになりました。2013年にMandiant社から公表されたこのレポートは、「上海を拠点とする中国人民解放軍所属の部隊が、過去数年間にわたって、主に米国を中心に、世界中の組織に対しサイバースパイ活動を行っていた」（再考・APT～Mandiantレポートを基に～）という内容です。脅威イ

注7　Wikipedia (2022)、Operation Olympic Games (https://en.wikipedia.org/wiki/Operation_Olympic_Games)

注8　Washington post (2017)、Russian government hackers used antivirus software to steal U.S. cyber capabilities - The Washington Post (https://www.washingtonpost.com/world/national-security/russian-government-hackers-exploited-antivirus-software-to-steal-us-cyber-capabilities/2017/10/05/a01bf546-a9fc-11e7-92d1-58c702d2d975_story.html?utm_term=.52be601617ba)

F

ンテリジェンスと従来のインテリジェンスの両面が見られるレポートで、大きな話題となりました。

なお、根岸征史氏の記事により、日本語でもレポートの概要を知ることができます。

参照

- Mandiant (2011)、APT1: Exposing One of China's Cyber Espionage Units (https://www.mandiant.com/sites/default/files/2021-09/mandiant-apt1-report.pdf)
- 根岸征史, @IT (2013)、再考・APT～Mandiantレポートを基に～(https://atmarkit.itmedia.co.jp/ait/articles/1305/09/news004.html)

Symantec: w32_stuxnet_dossier.pdf (wired.com) (2010年)

Stuxnetは、イランのウラン濃縮施設に設置された、遠心分離機を破壊したマルウェアです。インターネットに接続されていない環境で攻撃が行われたこと、制御システムへの攻撃であったこと、極めて高度なプログラムであったことなどから、大きな注目を集めました。Stuxnetは、先に述べたようにOperation Olympic Games[注7]の一環として開発と攻撃が行われたとされています。

参照

- Symantec (2010)、w32_stuxnet_dossier.pdf (https://www.wired.com/images_blogs/threatlevel/2010/11/w32_stuxnet_dossier.pdf)
- JPCERT/CC (2011)、Stuxnet ～制御システムを狙った初のマルウエア～(https://www.jpcert.or.jp/ics/2011/20110210-oguma.pdf)

info on yahoo attack (2000年)

セキュリティが現実の問題として認識されるようになった契機の1つが、2000年に起きたYahooに対するDDoS攻撃です。当時攻撃に対応したエンジニアのNet Newsへの投稿とされる記事が残っています。歴史的な事件の状況を知る上で興味深い内容が記載されています。

参照

- Yahooエンジニアと推測 (2000)、info on yahoo attack (http://archives.openflows.org/hacktivism/hacktivism00094.html)

JPCERT/CC：ボットネットの概要 ～報告書～（2006年）

他のレポートとは違った内容ですが、「ボットネットの概要 ～報告書～」もご紹介します。このレポートは、当時のTelecom ISACとJPCERT/CCのプロジェクトとして、Agobotを中心に分析を行ったもので、筆者も著者の一人としてかかわっています。

ウイルスからボットネットに移行したことで、脅威がどのように変わるかが分析されており、今でも現状の攻撃手法を理解する上で有用な資料と考えています。

参照

- JPCERT/CC (2006)、ボットネットの概要 ～報告書～(https://www.jpcert.or.jp/research/2006/Botnet_summary_0720.pdf) (https://www.jpcert.or.jp/research/botnet.html)

F

Annex G インシデント対応の運用と戦術

CISO-PRACTSIEは、セキュリティ事件・事故を想定した机上演習で、現状の施策の棚卸と有効性検証、組織としての対策レベル向上を図るものです。JPCERT/CC「様々な演習と効果」(**図G-1**) では、左下の戦略 (戦略的考察、能力分析) に相当し、運用 (能力の有効性)、戦術 (手順に関する知識、正確なプロセス) については扱っていません。本書では、運用と戦術はCISO-PRACTSIEを通じて、セキュリティ対策や緊急対応計画を具体化することにより対応すると想定しています。

Annex Gでは、運用・戦術を具体化する上で参考になる考え方と資料について紹介します。

▼図G-1 「様々な演習と効果」(出典：JPCERT/CC注1)

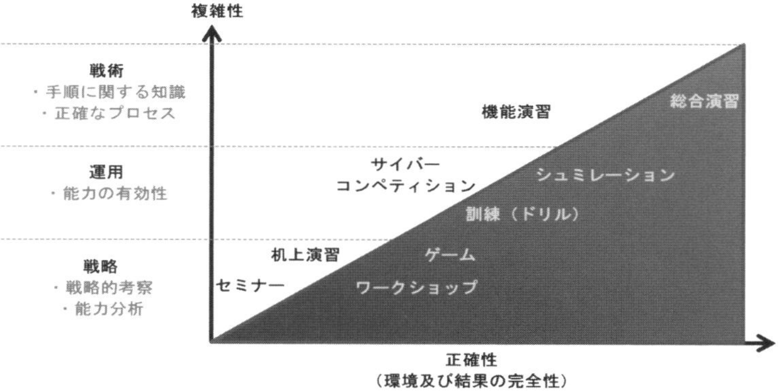

G-1 インシデント対応（運用と戦術）の基本

NIST SP 800-61は、インシデントハンドリングの基本となる資料です。また、JPCERT/CCが公表している「高度サイバー攻撃（APT）への備えと対応ガイド」は、日本語の資料でもあり、理解しやすい内容にまとめられています。

これらの資料は、運用と戦術を学ぶ良い起点になると思います。

注1　JPCERT/CC (2016)、高度サイバー攻撃 (APT) への備えと対応ガイド～企業や組織に薦める一連のプロセスについて (https://www.jpcert.or.jp/research/20160331-APTguide.pdf)

参照

- NIST (2008)、SP 800-61 Rev. 2 Computer Security Incident Handling Guide (https://csrc.nist.gov/publications/detail/sp/800-61/rev-2/final)
- JPCERT/CC (2016)、高度サイバー攻撃 (APT) への備えと対応ガイド～企業や組織に薦める一連のプロセスについて (https://www.jpcert.or.jp/research/apt-guide.html)

G-2 運用と戦術のフレームワーク：サイバーキルチェーンとMITRE ATT&CK

インシデントハンドリングでは、「サイバーキルチェーン」「MITRE ATT&CK」がよく取り上げられます。

サイバーキルチェーンは、2011年にロッキードマーチン社が提唱したサイバー攻撃対応フレームワークです。ロッキードマーチン社では、2011年に、RSA Securityから窃取したワンタイムパスワード情報を悪用した攻撃を受けました。この際の対応を体系化したものがサイバーキルチェーンと言われています。

参照

- M. Hutchins; Michael J. Cloppert; Rohan M. Amin (2011)、Intelligence-Driven Computer Network Defense Informed by Analysis of Adversary Campaigns and Intrusion Kill Chains (https://www.lockheedmartin.com/content/dam/lockheed-martin/rms/documents/cyber/LM-White-Paper-Intel-Driven-Defense.pdf)

サイバーキルチェーンは、高度な攻撃に対応するためのフレームワークとして注目されましたが、攻撃手法が変化し、サイバーキルチェーンでは対応が難しい攻撃が増えています。このため、より柔軟で包括的なフレームワークとして「MITRE ATT&CK」が注目されるようになりました。

参照

- MITRE ATT&CK (https://attack.mitre.org/)

『CISOハンドブック』のコラム「サイバーキルチェーンとMITRE ATT&CK」から抜粋

MITRE ATT&CKの特徴は、実際に行われた攻撃を観察し、攻撃者の戦術 (Tactics)、戦術を達成するために用いられる技術 (Techniques) をマトリックス化したナレッジベースであり、この技術内する緩和策 (Mitigations)、さらにはAPT1、APT12などの攻撃グループごとに攻撃キャンペーンで観測された技術およびipconfig、Mimikatzなど利用されたソフトウェアがナレッジベースとして記録されています。

G-3 緊急対応を支援する外部リソース

JPCERT/CCでは、サイバー攻撃を受けた際の対応方法を「高度サイバー攻撃（標的型攻撃）に関する連絡」として公開しています。この資料の中で、インシデント対応にかかわる以下の資料も紹介されています。

参照

- JPCERT/CC (2018)、高度サイバー攻撃（標的型攻撃）に関する連絡 (jpcert.or.jp) (https://www.jpcert.or.jp/incidentcall/)
  - 高度サイバー攻撃高度サイバー攻撃への対処におけるログの活用と分析方法 (https://www.jpcert.or.jp/research/apt-loganalysis.html)
  - 高度サイバー攻撃ログを活用したActive Directoryに対する攻撃の検知と対策 (https://www.jpcert.or.jp/research/AD.html)
  - デジタル・フォレンジック研究会、証拠保全ガイドライン第7版 (https://digitalforensic.jp/wp-content/uploads/2018/07/guideline_7th.pdf)

インシデントハンドリングには、高い技術と練度（習熟度）が必要です。ここまでに紹介したインシデント対応の運用と戦術が身についている企業であれば、淡々と対応をしていけばよいのですが、適切な人員の確保が難しい領域でもあり、必要な技術やリソースを確保できない企業も多いと思います。

社内リソースだけではインシデントの対応ができない場合は、専門の事業者に頼る必要があります。JNSAでは、「サイバーインシデント緊急対応企業一覧」として、セキュリティ事件・事故が起きた場合の緊急対応を提供する企業を公開しています。「Annex I　サイバーインシデント緊急対応企業一覧」（2022年10月更新）として掲載していますので、いざというときの参考にしてください。

半田病院の事例[注2]でも、「セキュリティ企業からたくさんの売込みが来たが、どこが信頼できるかわからなかった」とコメントされています。事前に信頼の置けるセキュリティ企業と関係を構築しておくことが望まれます。

注2　2-2節の「⑥2021年　徳島県半田病院へのランサムウェア攻撃」

G-4 対策本部の設置と運用

実際に事件・事故が起きた際には、対策本部を設置します。通常であれば、会議室などに対策本部を設置し、そこに人や情報を集めるのですが、COVID-19の影響が残る中では、物理的に人を集めることが難しく、必然的にオンライン会議やビジネスチャットを利用することになると思います。

オンライン会議の開催方法、定期的な確認事項、情報の集約および取りまとめなどについて、事前に取り決めてください。

また、セキュリティ事件・事故が起きてしまった際に、あまり担当者が頑張り過ぎないようにしてください。2～3日で済む対応であれば、頑張って乗り切ることができますが、一週間も続くと死屍累々の状況になり、適切な対応ができなくなります。

初期の段階から、シフトを組む、役割の範囲を明確にする、担当を明確にするなど、事件・事故に立ち向かうための安定した基盤を作るようにしてください。

G

Annex H 記者会見を開催する上での留意点

第7章の「Workshop-7b　模擬記者会見を実施する」で、模擬的な記者会見について記載しました。ここでは、実際に記者会見を行うにあたっての留意点を取り上げます。なお、記者会見の留意点については、広報担当者とも事前に確認するようにしてください。

H-1 スポークスパーソンの留意点

一口にマスコミ・メディアと言っても、多様なメディアがあり特性が異なります。また、同じメディアでも所属する部門によって、視点や関心が異なります。記者の後ろにいる読者・視聴者に伝えることを心がける必要があります。

会見におけるスポークスパーソンの留意点として、次のものがあります[参照1、参照2]。

- Q&A集は必ず目を通す
- 棒読みをせず自身の言葉で表明する
- 身だしなみにも気を付ける（派手なネクタイやボタンダウンを避けボタンをきちんと締めるなど）
- 専門用語は極力避ける
- 挑発的な質問に対しても冷静に誠意を持って対応する
- 質問は最後まで聞く
- 正確かつ簡潔に説明し、含みを持たせる言い方をしない
- 憶測や仮定の話はしない
- 自己弁護に終始しない
- 質問が途切れるまで記者会見を続ける

H-2 失言に注意する

事件・事故の記者会見では、悪い意味で印象に残るコメントも少なくありません。特に筆者の印象に残るコメントに次のようなものがあります。

- 私は寝ていないんだよ！！
- 考えられる最高レベルのセキュリティ対策をしてきたつもりだった
- （違法改造は）制限速度 60km の所を 65km で走ったようなもの
- （告発は）全部うそ
- 直接不正行為を行った人間のコンプライアンス意識の低さ
- 外部には公表するつもりはなかった
- お客様と同様に私たちも被害者です

以下に失言につながる代表的な発言を例示します。

失言につながる発言の例参照3

- 当事者意識を欠いた発言
  - 私は聞いていません
  - 部下がやりました
  - よくある事故です
  - 同業者もみんなやっていることです
  - たかが〜です
- 弱者への配慮を欠いた発言
  - 法的に問題はありません
  - 取扱説明書で警告しています
  - 当社の調査では無害です
- 逃げの姿勢が見える発言
  - ノーコメント
  - 弁護士に聞いてください
  - 当局が調査中です
- 楽観的な見込みにすがる発言
  - 不正改造が原因ですので当社に非はありません
  - 被害件数は○○件程度です
  - 直接の原因となった○○は当社と関係がありません

ノーコメントに代わる言葉[参照3]

ついつい使いたくなってしまう「ノーコメント」ですが、事件・事故対応では避けるべき言葉です。ノーコメントの代わりに、次のような発言を行うようにします。

- 現段階では、まだ何もお話しできることはありません
- 当局の調査や裁判などに影響を及ぼしかねませんので、お答えは差し控えさせていただきます
- 予断や推測をもってお答えすべきではないと思いますので、お答えは差し控えさせていただきます
- まだ本人との確認が取れておりませんので、ここでの回答は差し控えさせていただきます
- まだ被害者の方全員へのご連絡が済んでおりませんので、現時点ではお答えすることができません

H-3　参考にさせていただいた資料など

Annex Hおよび、5-2節「模擬的な記者会見の計画」では、以下の資料を参考にさせていただきました。

参照

- 参照1：石川 慶子、公共コミュニケーション研究（2018）、事件事故対応の事例からクライシス・コミュニケーションの役割を改めて考える（https://www.jstage.jst.go.jp/article/pras/3/1/3_18/_pdf/-char/ja）
- 参照2：濱口 隆史（2007）、東京海上日動リスクコンサルティング、緊急時のメディア対応（https://www.tokiorisk.co.jp/publication/report/trc-eye/pdf/pdf-trc-eye-118.pdf）
- 参照3：NECネクサソリューションズ（不明）、【close-up】経営者がリードする「危機管理 ～事故対応編～」（https://www.nec-nexs.com/bizsupli/useful/close_up/14.html）
- JPCERT/CC（2020）、サイバー攻撃被害情報の共有と公表のあり方について（公開版）（https://www.soumu.go.jp/main_content/000762951.pdf）

Annex I

サイバーインシデント緊急対応企業一覧

セキュリティ事件・事故が起きると、分析や対応に専門的な知識が求められます。すぐに相談できる専門家がいればよいのですが、専門家がいない場合は、どのように対応すればよいかわからない方も多いと思います。

JPCERT/CCでは、JPCERT/CCが高度なサイバー攻撃の連絡を受けた場合の対応について、以下の「参照」のURLで案内をしています。

参照

- JPCERT/CC (2018)、高度サイバー攻撃（標的型攻撃）に関する連絡 (https://www.jpcert.or.jp/incidentcall/)

社内リソースだけでインシデントに対応ができない場合は、専門の事業者に対応を依頼する必要がありますが、日ごろから付き合いのある事業者がいない場合は、依頼先を見つけることも難しいかもしれません。JNSAでは、「サイバーインシデント緊急対応企業一覧」として、セキュリティ事件・事故が起きた場合の対応を行う企業を公開しています。いざというときには、事業者を見つけるためのインデックスとしてご活用ください。

参照

- JNSA (2022)、サイバーインシデント緊急対応企業一覧 (https://www.jnsa.org/emergency_response/)

▼表I-1　サイバーインシデント緊急対応企業一覧 (JNSA、2022.10更新) (続く)

会社名	受付時間	対応地域	相談及び見積作成
RSA Security Japan合同会社	(平日) 9:00～17:30	全国・海外	無償
株式会社 網屋	(平日) 9：00～18：00	全国 (リモート対応含む)	無償
EY新日本有限責任監査法人	24時間	全国・海外	無償
SBテクノロジー株式会社	(平日) 9:00～17:45	全国・海外 (日本企業の現地法人)	無償
NRIセキュアテクノロジーズ株式会社	(平日) 10:00～17:00	全国・海外	無償
エヌ・ティ・ティ・アドバンステクノロジ株式会社	(平日) 9:30～17:30	全国	無償
NTTデータ先端技術株式会社	(平日) 10:00～18:00	全国	無償
エムオーテックス株式会社	(平日) 9:30～12:00 / 13:00～17:30	全国・海外	無償
グローバルセキュリティエキスパート株式会社 (GSX)	(平日) 9:00～17:30	全国	無償
株式会社KPMG FAS	(平日) 9:15～17:15	全国・海外	無償
株式会社 神戸デジタル・ラボ	(平日) 10:00～18:00	関西圏 (全国も可)	無償

▼表I-1　サイバーインシデント緊急対応企業一覧（JNSA、2022.10更新）（続き）

会社名	受付時間	対応地域	相談及び 見積作成
株式会社サイバーディフェンス研究所	（平日）10:00～18:00	全国・海外	無償
株式会社SHIFT	（平日）9:00～18:00	全国	無償
情報セキュリティ株式会社	（平日）9:30～17:00	全国	無償
ストーンビートセキュリティ株式会社	（平日）9:00～18:00	全国	無償
セキュアワークス株式会社	24時間	全国・海外	無償
SOMPOリスクマネジメント株式会社	24時間365日	全国	無償
株式会社ディアイティ	（平日）9:00～18:00	全国・海外	無償
テクマトリックス株式会社	24時間	全国	無償
デロイトトーマツサイバー合同会社	（平日）10:00～17:00	全国・海外	無償・ 要事前相談
トレンドマイクロ株式会社	（平日）9:00～18:00 （受付時間外12:00～13:00）	全国	原則無償
日本アイ・ビー・エム株式会社	24時間	全国・海外	無償・ 要事前契約
日本電気株式会社	（平日）9:00～17:00	全国	無償・ 要事前契約
株式会社 PFU	（平日）9:00～17:00	全国	無償
PwCコンサルティング合同会社	（平日）10:00～18:00	全国・海外	無償
株式会社日立システムズ	（平日）9:00～17:00	全国	無償
株式会社日立ソリューションズ	（平日）9:00～17:00	全国	無償・ 要事前契約
株式会社ブロードバンドセキュリティ	24時間	全国	無償
株式会社レオンテクノロジー	10:00～19:00 （休業日を除く）	全国	無償
株式会社ラック	24時間	全国・海外	無償

索引

G

H

I

J

K

M

N

O

P

Q

R

S

T

U

V

W

こ

さ

し

よ

ら

り

る

れ

ろ

わ

著者プロフィール

高橋正和（たかはし まさかず）

基本ソフト、製品企画開発、品質管理などの経験を経て、1999年7月にインターネットセキュリティシステムズに入社。当時、名人芸とされたセキュリティを、ソフトウェア工学のような合理的で再現性のあるプロセスにすることを目指した。プロフェッショナルサービス事業責任者、CIO、CTOを務める。

2006年Windows Vistaの発表を機会に、日本マイクロソフトChief Security Advisorに就任。日本におけるセキュリティの窓口として、脆弱性やインシデントの対応や、マイクロソフト社が提唱するセキュリティの啓発に努める。業界団体、公共団体とともに日本のセキュリティの向上を目指した取り組みも推進。

ある日、サッカーに例えれば、フィールドに立っていないことに気が付く。技術が大きく動いている時期でもあり、ユーザー企業のセキュリティ担当者としてフィールドに立つことを決心し、2017年にAI系のベンチャー企業Preferred Networksに入社。VP 最高セキュリティ責任者 最高プライバシー責任者を務める。

著書に『CISOハンドブック――業務執行のための情報セキュリティ実践ガイド』（小社刊行）がある。

- CISSP（Certified Information Systems Security Professional）
- 日本ネットワークセキュリティ協会（JNSA） 副会長
  CISO 支援ワーキンググループ リーダー

協力

JNSA CISO支援ワーキンググループ

日本ネットワークセキュリティ協会（JNSA） 社会活動部会に属するワーキンググループ（https://www.jnsa.org/active/2022/act.html#ciso）

■Staff
本文設計●トップスタジオデザイン室（徳田久美）
組版●株式会社トップスタジオ
装丁●トップスタジオデザイン室（嶋健夫）
担当●池本公平
Webページ●https://gihyo.jp/book/2023/978-4-297-13294-1

※本書記載の情報の修正・訂正については当該Webページおよび著者のGitHubリポジトリで行います。

■お問い合わせについて
●ご質問は、本書に記載されている内容に関するものに限定させていただきます。本書の内容と関係のない質問には一切お答えできませんので、あらかじめご了承ください。
●電話でのご質問は一切受け付けておりません。FAXまたは書面にて下記までお送りください。また、ご質問の際には、書名と該当ページ、返信先を明記してくださいますようお願いいたします。
●お送りいただいた質問には、できる限り迅速に回答できるよう努力しておりますが、お答えするまでに時間がかかる場合がございます。また、回答の期日を指定いただいた場合でも、ご希望にお応えできるとは限りませんので、あらかじめご了承ください。

■問合せ先
〒162-0846　東京都新宿区市谷左内町21-13
株式会社技術評論社　雑誌編集部
「CISOのための情報セキュリティ戦略」係
FAX　03-3513-6179

CISO《シーアイエスオー》のための
情報《じょうほう》セキュリティ戦略《せんりゃく》
——危機《きき》から逆算《ぎゃくさん》して攻略《こうりゃく》せよ

2023年 2月 3日　初版　第1刷発行

著　者　高橋正和《たかはしまさかず》
協　力　JNSA CISO支援ワーキンググループ
発行者　片岡　巌
発行所　株式会社技術評論社
東京都新宿区市谷左内町21-13
電話　03-3513-6150　販売促進部
電話　03-3513-6170　雑誌編集部

印刷／製本　日経印刷株式会社

定価はカバーに表示してあります。

造本には細心の注意を払っておりますが、万一、乱丁（ページの乱れ）や落丁（ページの抜け）がございましたら、小社販売促進部まで送りください。送料負担にてお取替えいたします。

ISBN978-4-297-13294-1　C3055
Printed in Japan